死亡课

关于死亡的讨论

【澳大利亚】玛格丽特·赖斯————著

方莉　畅岩海　译

团结出版社

图书在版编目（CIP）数据

　　死亡课：关于死亡的讨论 ／（澳）玛格丽特·赖斯
著；方莉，畅岩海译. -- 北京：团结出版社，2021.3
　　ISBN 978-7-5126-7691-6

　　Ⅰ．①死… Ⅱ．①玛… ②方… ③畅… Ⅲ．①死亡－
研究 Ⅳ．①B845.9

　　中国版本图书馆 CIP 数据核字（2020）第 008691 号

出　　版：团结出版社
　　　　　（北京市东城区东皇城根南街 84 号　邮编：100006）
电　　话：（010）65228880　65244790　（出版社）
　　　　　（010）65238766　85113874　65133603（发行部）
　　　　　（010）65133603（邮购）
网　　址：http://www.tjpress.com
E-mail：zb65244790@vip.163.com
　　　　　fx65133603@163.com（发行部邮购）
经　　销：全国新华书店
印　　装：三河市东方印刷有限公司

开　　本：170mm×240mm　16 开
印　　张：21.25
字　　数：262 千字
印　　数：5000
版　　次：2021 年 3 月　第 1 版
印　　次：2021 年 3 月　第 1 次印刷

书　　号：978-7-5126-7691-6
定　　价：58.00 元

（版权所属，盗版必究）

谨以此书献给我的母亲——珍妮特·玛丽·赖斯，
因为对她的离世的思考，我才写下了这本书。

中文版序

【澳】玛格丽特·赖斯

无论我们来自何方，有一件事将我们紧密连接在一起，那就是对死亡的体验，以及随之而来的悲痛。我们感受到的悲伤和痛苦是我们为爱付出的代价，无论我们生活在哪里，无论我们有怎样的文化背景，当我们爱的人去世时，都会经历刻骨铭心的悲痛。

但有时我们会忽略死亡真正的真正意义，可能忘记了死亡意味着我们和一个人关系的结束。那么问题就来了，在面对死亡时，我们能做得更好吗？

当有人处于临终之际，我们通常会非常恐惧。这种恐惧会让本已艰难的经历变得更艰难。本书解释了死亡这一生命的自然过程。并告诉你可能会经历的事情，你会对死亡有更深入的了解，从而减少对它的恐惧。

21世纪以后，人类的现代科技体系逐步取代了传统的体系。但有时新方法不一定更好。高效率和机械化有时带走了我们自身对死亡的理解。

　　而有时又恰恰相反：我们发现自己坚守传统仅仅是因为我们一直以来都是这样做事的，即使这样做会造成不必要的痛苦。

　　我期待本书能帮助人们认清，当一个人去世时，应该坚持什么，应该放弃什么，以及当我们在向更好的方向转变时应该欢迎什么。

　　如果我们对自己的死亡采取更诚实的态度，并制定一些现实的计划，我们会减少一些恐惧。我希望本书也能在这个领域对你有所帮助。

　　就在这本书即将在中国出版的时候，世界经历了一件非同寻常的事情——新冠肺炎肆虐全球。我们在世者的记忆中从未经历过这样恐怖而震撼的场面。

　　在我们与全球瘟疫、巨变及其对未来的影响进行抗争时，我们也许面临着这样的风险，即失去同情心，并失去向临终者提供最佳帮助的能力。

　　展望未来，我们需要对人类自己创建的生命照护体系持谨慎态度。这些应对方法是否并不能保证任何人免受疾病的伤害，却会让垂死的人孤立无援？我希望本书能帮助人们找到这个问题的答案。我也希望它能帮助人们在自己所珍爱之人去世时把握住真正重要的东西，即善意地保持最好的照顾，即使这意味着要找到新的方法来适应变化和挑战现实。

引 言

     几年前，当我坐在弥留之际的母亲身旁，我意识到我和我的兄弟姐妹们虽然都受过良好的教育，却对一个家庭即将面临的遭遇一无所知。

     我们有诸多困惑。

     我们能预测一个人的大概死亡时间吗？是否有一个过程，能让我们意识到死亡的来临？这个过程是一系列事件，还是某个特定的步骤？这个过程究竟将发生什么？

     我们如何配合医护专业人士？我们如何处理那些即将出现的非医学问题？吗啡是用来加速死亡的吗？或者它只是一个传闻？安乐死的观点如何适用于我们各自的生活经历？

     这些问题，看似微不足道，却对临终者及其亲友们在面对他们各自的恐惧时有着不可估量的影响。懂得一丁点儿常识将大有裨益。但在我的母亲即将离世之时，这些问题，对于忙碌的专家而言，太过简单；对于心理咨询师而言，太过专业；对于医护人员而言，太过宽泛，不是他们的当务之急。我多么希望，早在母亲临终这个阶段到来之前，我就对死亡这门课题多一些好奇心啊！

我们的遭遇正是当今社会的缩影。和我们一样，许多人在四五十岁时，作为成年人，他们第一次面临至亲的死亡。当然，我后来还遇见一些人，他们在岁数更大的时候才经历这些。

亲爱的读者，你正在阅读一部笔触平和而实用的死亡指南。

我们生活在一种常被描述为"否定死亡"的文化氛围里，这种文化崇尚青春活力，却忽视老年人。但世界本不该如此。让我们另择他路，朝着我们将面对的未来迈近一步，这样我们就能帮助身边的人拥有一种更舒适的死亡体验。同时，我们从中获得的知识和经验将帮助我们更好地面对自己在死亡临近的时刻。

过去的人们会更直接地接触死亡这个课题。我的曾祖母孩提时就有机会耳闻目睹家人去世，她们是家庭葬礼的小小观察者和亲历者，这种经历时时发生，她们也在潜移默化中学习了如何面对死亡这一课题。

长大后，她们便懂得所爱之人去世是怎样的，她们知道该如何悲伤、如何哀悼、如何举行葬礼。这些经验都来自她们自己的家里或其他家庭成员的家里。

但她们是对死亡有近距离感知和直接经验的最后一代人，在她们之后，死亡的相关事宜都外包给了专业人士。

今天我们有千万条理由庆幸死亡情况得到了改变。婴儿死亡率下降，传染病死亡率控制在低水平，大部分人的寿命正在延长。所以对许多人而言，80岁以上的预期寿命是合理的。现在出现了越来越多的世纪老人。当然，死亡也总是无处不在的。一些人会因癌症、意外事故以及一系列慢性疾病而英年早逝。

我们现在必须做两手准备。既准备好活到100岁，也要为可能的英年早逝而做好心理准备。因为我们无法确定自己将拥有哪种结果。

　　这意味着我们对死亡的态度，需要用一种比大多数人更切实际的方式，从否定转变为承认，承认人终有一死。我们无须病态地沉湎于死亡的困境，但我们需要知道如何应对死亡。

　　母亲临终时问道："为什么？"这个问题促使我进行采访和反思，试图了解更多。所以母亲去世后我开始倾听那些经历过此生挚爱离世的人们，并收集他们的日常故事。我是一名记者，也是孙儿的奶奶。我喜欢把采访工作和享受与人（包括小朋友）相处的乐趣以及一杯好茶结合起来，寻找难题的答案。

　　在我开展这项采访工作后不久，我的兄弟朱利安突然在一场摩托车事故中意外丧生，这起事故加深了我的悲伤，并推动我更深入探索如何应对死亡这件可怕的事情。是采访工作安抚了我，帮助我在背负着双重悲伤时仍能坚持前行。

　　我听到的那些故事感人至深，也对今天的人们深富启迪。在进一步的探索之后，我意识到死亡这个课题其实与我们的生活如影随形。从与专家的交谈和大量的阅读材料中，我提取了很多有效信息。但我发现最有效的信息来自那些在社区里提供最简单的帮助的人。这告诉我们一件很重要的事情——我们可以将从专家和外界学到的知识，自信地做出调整以适用于自身和他人。当你使用这本指南时，请牢记这一点。

　　我们可以重拾祖辈的感觉，至少除了突如其来的意外死亡之外，我们可以帮助彼此拥有一个舒适一点的死亡。即便死亡发生了，我们也能学会更有效地面对它。

　　死亡是可怕的。我们也许永远也无法习惯。我们需要一直寻找癌症的治疗方法，并和其他疾病做斗争；我们需要让司机保持安全驾驶，减少事故的发生；我们需要坚持不懈地寻求致富之路，避免因经济问题导致自杀事件的发生。我们并不需要将死亡罗曼蒂克化，当然我也并不想那样。

　　我将自己的经历和思考总结提炼成 11 个实施步骤，分别对应本书的 11 个章节，你可以以此为基础，采取这些步骤以获得更优质的死亡体验。

11 幅古木刻中的死亡指南

　　那是伦敦的夏天，异常炎热。我离家很远，但裘园的草有点澳洲褐的味道，暗示着墨尔本将迎来热浪。然后一场悉尼风格的风暴肆虐，而我在熟悉的暴雨声中睡着了。

　　我是去那儿参加一场婚礼的，我想让自己有一趟开心的旅程。我很想看一幅死亡艺术的木刻画——那篇关于"死亡艺术"的论文激发了我的想象，因此我去了大不列颠博物馆去观赏它们。

　　"死亡艺术"系列包括 11 幅木刻画。这些木刻画一开始被复制到织物上，于 14 世纪在欧洲流行。那个时代，大多数人还不会读写，是这些画中的形象，承载了其表达的意义，而不是文字。

　　到 15 世纪，在一段宗教混乱期和瘟疫之后，死亡艺术非常流行。瘟疫毁坏了从爱尔兰到波斯湾的大地，有些小镇高达 60% 的人口因此丧命。牧师尤其脆弱，因为他们操持着葬礼仪式，而这时的瘟疫变本加厉，更多人死去，还有些人逃走了，人们对病床十分恐惧。

　　在那之前，牧师会引导临终者，督促他们认罪和忏悔，这被认为是进入天堂的必要条件。但因为瘟疫，他们不再在那里。绝望的时代滋生绝望的行为。受早期木刻画教学理念的启发，教士们创造了死亡艺术。这些东西可以不需要牧师的传道而只用人与人口耳相传，是一种在保证神职人员和传递信息的平信徒的安全的前提下，能迅速而精准地传播消息的方式。

我第一次读到《死亡艺术》是在悉尼大学的护理图书馆。那是我待了很久的一个地方，我在这里孜孜不倦地阅读，寻找一个问题的答案：针对母亲的死是否可以有不同的处理方式——或者说是更好的处理方式。现在，在大不列颠博物馆，在楼上的图书管理员的指引下，通过米开朗琪罗的卡通画后面的门，我被一些关于木刻的东西震撼了。

它们是短小而尖锐的，没有文字。每一幅木刻画上的生动的交流就像社交媒体上的一个帖子。（所有老旧的东西又焕然一新了！）

其中五幅木刻画诠释了中世纪的雕刻者如何看待与死亡有关的罪恶：失信、绝望、没有耐心、傲慢和贪婪。另外五幅则诠释了我们战胜这些消极因素所需要的力量和灵感：信念的重申、希望、耐心、谦逊和无私。第11幅木刻则表现了垂死的罪人运用这些力量和灵感获得了胜利。

在某种程度上，这些画和它们表达的中世纪世界观与我们这个时代格格不入。但我觉得它们身上有一些东西值得在今天唤醒。

令我惊讶的是，在中世纪，持有这些死亡艺术木刻画的，是垂死的病人。垂死者拿着画并亲密地注视着它。他们是为自己做的，他们是自己命运的主宰。

在我看来，我们似乎在追求强大而震撼的书面语言时，却失去了像《死亡艺术》这样简单的、有用的工具，能在我们临终时帮助我们增长智慧。我们可以把它们找回来。

是时候做一套新的木刻画了——不再因害怕冒犯某个冷漠的带惩戒性的上帝而发抖，取而代之的是，我们享有更好的死亡自由，因为一切资产和资源在今天都可以为我们所用。

这是今天的课表：

➤ 我们要学习如何陪伴临终者，而不是深陷在对他们和对死亡的恐惧中。

➤ 我们要了解关于死亡的非身体层面的东西，包括将一个人的生命转化成某种特殊存在的精神的（但不必然是宗教的）体验。

➤ 我们要学习如何减轻疼痛，因为疼痛会令死亡变得异常痛苦。

➤ 我们要了解死亡是什么，而不是对我们未知的事物感到恐惧。这样我们才能面对至亲挚爱的死亡。

➤ 我们要了解死亡发生后需要做的"内务"——需要什么，不需要什么，这样我们才能让逝者有尊严地离去。

➤ 我们需要开发技能，尤其是社交技能，以应对意外死亡。

➤ 我们需要学习怎样告别。我们要去除糟粕，说出我们最诚挚的告别——所以我们要有扬有弃，有时回到传统，有时从传统中脱离。

➤ 我们要在悲伤袭来时寻找新的交往方式——为了他人，也为了我们自己。

➤ 我们要提前做好计划，将我们学过的知识、经验和技能施用于实际的措施和步骤，帮助我们自己和他人。

➤ 我们需要提前想好自己希望在何处离开这个世界，有具体的想法才能更好地实现它。

➤ 我们要学会谈论自己希望如何死去，因为这些话可以告诉别人我们想要什么，也可以消除恐惧——我们自己的和所有其他人的恐惧。

目　录

上编

陪伴临终者

陪伴临终者

第一章

我们与其对临终者和死亡充满恐惧，不如学会如何陪伴他们。

陪伴是一个古老的词。于我而言，陪伴意味着一个人静静地安慰和支持另一个人。它来自拉丁语中的"面包"一词，在传统法语中用来表示"共同进餐"。曾有段时间"陪伴"一词用来形容某个受过良好教养的人，通常是女性，或为家庭成员，或为被雇用者，她们通常为某位年长的富人服务。有充分的证据表明，大多数人面临死亡时，如果有人陪伴在身旁，会感到安慰，并减轻恐惧。我们讨论的这个人的角色是临终者的陪伴者，他（她）可能是家人，也可能不是。文学上将他（她）们比喻成始终执临终者之手的那个人。这种临终陪伴的价值一直以来都被低估，现在是该意识到它的重要性的时候了。

第一节　为彼此点亮光明

自我的母亲被诊断为癌症直到她去世的六个月里，我曾有充裕的时间去思考（和恐惧）即将到来的时刻。我当时在当地一家报社当记者，我的编辑大卫是我的倾听者，他始终对我那些古怪而偏执的想法予以支持。我常常大声问他，我们该如何以母亲需要的方式将她送别。

"我担心我和我的兄弟姐妹们会从此成为陌路了，因为母亲的缘故。"我沉思道。

我以为他会对我报之以轻蔑，因为在我还没有经历过失去双亲的时候，我就一直会这样。

"这听起来会很奇怪，但你会知道该怎么做，某种程度上你们会齐心协力共渡难关。"他说道。

他的意见显然来自于对这种事情的深度体认。

"我的母亲是几年前去世的。那年她正好 62 岁。她在位于阿德莱德的家的庭前花园里种小苗时突然摔倒。医生告诉我们她的头在撞击地面时可能就已经死亡了，这一切是如此猝不及防。一位邻居发现了她。"

她的死亡最后归因于突发急性二尖瓣破裂。

大卫讲述了他和他的两个兄弟如何在震惊和梦游的状态中赶到母亲家中集合。我看见了一幅生动的画面：三个无忧无虑的年轻小伙，正值三十出头的大好年华，在为新闻事业心无旁骛地奋斗着，而现在他们的正值壮年的生机勃勃的母亲竟然死了，他们茫然不知所措。

"我们是如此不同，都太年轻，又自以为是。但我们本能地来到妈妈的房子里汇聚一堂，开始分工合作。我们似乎自然而然地承担起不同的任务，每个人做着适合自己个性的事情。在整个过程中我们连瞬间的敌意都没有。房间一度有点乱，但后来被我们共同打扫干净了，在无需对彼此作任何交代的情况下，整栋房子最终变得井然有序。"

当我的母亲离死亡越来越近，我的发小凯瑟琳给我打来日常电话，她生活在新南威尔士州的一个农场里。

她的父亲一年前去世了。凯瑟琳有九个兄弟姐妹，全都在世。

"我们都聚集在父亲身边。有一种奇怪的力量将我们凝聚起来。"

她回忆起当时她父亲说的话。

稍晚后我要赶去和我的朋友苏珊吃午饭，她是我记者生涯的领路人。我们的生活经历了非常意外的历程，然后又都回到了正轨。我们都有一个上了年纪的健康欠佳的母亲，以及一个体质虚弱但仍有活力的父亲。我们发现彼此处境相同。

我们都觉得从来没有人告诉过我们关于死亡的现实脚本，在公共领域，我们从未得到过关于父母临终故事（不是事实怎样，而是将会怎样）的分享。

在那次午饭后的仅仅三个月，我接到苏珊的电话，她告诉我她的母亲雪莉去世了。我很震惊。那时我的母亲也正处于绝症晚期。

雪莉的葬礼之后，苏珊常常和我交流，特别是在我母亲的弥留之际。此时的苏珊仍未做好将悲伤隐藏然后开始新生活的准备。我们是彼此最合适的交流对象。

她给我发了一个关于死亡阶段的佛教指南的链接。她分享了一个痛苦的真相作为对我的告诫："我并没有真正意识到母亲正在死去，或者说也许我无法接受它的发生，因此，最终，我感觉她好像是突然逝去的。"

苏珊还分享了雪莉去世的一系列步骤和细节，这些都是人们通常不愿讨论的。

那时，我正与另一位朋友希拉共进午餐。

"当医生开出吗啡作为我母亲的临终用药时，我们并没有意识到它的意义。"她说道。

"那就是生命收尾阶段的开始，"希拉说道，"如果我们懂得那一点，我们或许会有一些不同的反应，也许会更专注。"

另一位朋友弗吉尼亚，她是一名独生女，像苏珊一样，需要在她母亲床边守夜。

弗吉尼亚和我一样，是被天主教徒抚养大的。她用一则宗教譬喻来帮助我理解当我们在家人身边守夜时将面临怎样的情感冲击："那将是你的，也是你母亲的客西马尼园（基督被犹大出卖被捕之地）。"

她补充道："我从来没想过，当我坐在母亲身边时，她即将死去。最关键的一点是，她无法下咽，而且她的嘴唇变得非常干燥。我应该向护士请教如何为母亲的嘴补充水分并保持湿润，但没有人告诉我这些。"

在弗吉尼亚通过痛苦获得的智慧里，有无限遗憾。与苏珊一样，她为自己没有做到该做的事情感到沮丧，因自己没有成为一个好的陪伴者而感到崩溃。

她们的痛苦如此相似，我疑惑如果临终陪伴是由一个人单独承担时，这种精神负担是否格外沉重。尽管弗吉尼亚获得过这个资格："我的孩子们先后加入，但某些时候我还是很孤独。他们很棒，但她不是他们的母亲，她不是任何其他人的母亲，而只是我的母亲。因此本质上我是孤独的。"

当我的朋友们分享她们失去父母的痛苦经历时，她们正在为我搭建一座平台，让我可以由此走进母亲的死亡。似乎是这些敞开胸怀倾诉经历的朋友共同推动我对这个坚忍、沉默而神秘的世界有了初步认知。

我感到自己正站在山脚，黑暗笼罩了四周，看不见任何能照亮前路的光。

因此当我们处于类似情境下，有一点是值得思考的。在我们的文化里，人们极其不情愿对死亡进行讨论，除非被问及，他们不会更多地分享他们的经历。这意味着你周围真正可以通过分享他们的经历来支持你的人，比你以为的要少。

如果某个你爱的人正在你的陪伴下濒临死亡，至少不要抗拒告诉他人这个简单的事实。许多人会仅仅施以一个友好的手势或者关切的神色作为回复。但是还有一些人会更深入地分享他们的个人经历。

这将成为一次有助益并且富有力量的谈话的开端。

第二节　将家庭置于核心

有许多理由证明，陪伴可以让死亡变得更好，不仅是因为陪伴者的关心、见证和利益主张。尽管情况各异，有些人是通过接受酬劳而成为陪伴者的，但作为总体原则，陪伴者这个角色的最佳扮演者是家人。

在关于"家人"一词的诸多定义和描述中，以下这个我感觉是最佳的："那些对病人最了解、最关心和影响程度最深的人。这既包括生理意义上的家人、法律意义上的家人——通过婚姻或契约——以及自行挑选认定的家人和朋友。"这个定义被澳大利亚卫生安全与质量委员会在 2015 年的《国家共识声明》中使用过。

这些重要的人能帮助亲人将死亡变得更舒适，他（她）们的理由如下：

"因为我同时是一名助产士，我能看见生命光谱的两端。"苏·普拉说道，她是一名家庭护理和姑息疗法的护士。

"我认为死亡并不是一件负面的事情。我发现如果我能帮助某人经历一种舒适的死亡，那将与把一个新生命带到世界上来一样有意义。所以我对死亡没有恐惧。"她继续说道。

我能明白她说的话，尽管这个观点从未在我头脑中闪现。坐在母亲身边面对她的死亡让我学到了太多。

像苏·普拉一样，我被生与死的平行不悖深深震撼。举个例子，即使在细微的层面，也存在着两种相互连通的迹象——子宫无痛性收缩有时被误以为是真正的分娩，潮式呼吸有时很像生命终际的不均匀呼吸。

然后就是等待家人汇聚一堂，共同面对。无论新生或死亡，时间也许或短或长，即使医疗体系扮演了主要角色，这些人生大事的仪式远远早于理论就存在，每一次生与死都与其他的截然不同，每一次的体验都是唯一的。

"那么什么是糟糕的死亡？"

"那个可以瞬间识别，"苏·普拉指出，"即一场漫长的、拖延的、不安的死亡，令患者与家人都感到痛苦。我的意思是，死亡当然是痛苦的，但它会因为苦恼挣扎和不安而受到额外的痛苦。"

这种情况多见吗？有时很难客观地判断。不幸的是，这种情况太常见了。

那么什么才是好的死亡？

苏·普拉承认我们没有办法从死而复生的人口中了解这一点，但她认为如何将死亡这件事做得更好，我们仍是有道可循的。

"尽管死亡本身是艰难的，但如果死亡是被待以真心的关爱、有技巧的护理和灵敏的感知，那么与之相关的每个人，乃至死者本身，仍然可以积极地去经历。从护理的角度而言，舒适就行，在某种程度上，就是平衡病患与家庭成员的需求，使临终者和陪伴者都感到舒适。我相信所有的死亡都能得到优质管理。"她说道。

苏·普拉是否与死亡太亲近了？当我后来将她的观点与其他朋友分享时，大家都感到疑惑。

"怎么可能所有的事情都很好呢？显然那是专家们的观点。"玛丽莲说道。

好像她正在与死亡协会以外的所有人交谈。

但还有一些人，不像苏·普拉这么专业，他们对医疗和护理知识知之甚少，却也用一种积极的方式描述过死亡。这些人指出，当痛苦和折磨过去之后，重点不在于"死亡"，而在于"正在死去"和尽可能死得体面。

安·玛丽几年前正在陪伴她的丈夫乔，他后来死于肝癌。在堪培拉的一家临终关怀和家庭姑息治疗中心的支持下，她和孩子们能随时获得姑息治疗团队的建议和支援，因此他们有能力在家中照顾丈夫。

乔从被诊断为肝癌到最后去世只过了三个月，安·玛丽在极短的时间里失去了丈夫。

"每次姑息治疗中心告诉我可能需要做什么的时候，我会说，'哦，我们不需要那个。'但每次说完第二天，我们就真的需要了。因为无法在出行时携带吗啡，所以他们给我开了吗啡的药方。我最大的恐惧就是害怕乔随时会陷入剧痛的折磨，当他们使我确信，无论白天黑夜，一旦疼痛开始，他们会立即赶到我家进行护理，我便觉得释然了，然后将吗啡藏在一个高高的碗橱里随时备用。最后，我们仅仅是在他死前48小时用了吗啡。使用吗啡后他再也没有醒过来。"

"四个孩子在他临终前一周回到家来陪伴他。每个孩子都以自己的方式为护理和葬礼计划尽力。这些事让这些日子变得对我们而言很特殊，并帮助我们应对接下来的悲伤。我对那些优秀的护士充满了感激，她们做到了让我丈夫在他深爱的家中，在家人的围绕中离开人世。"

"他的死亡过程是美妙的。这是一次我不能在人世间错过的经历。我很高兴我们有机会成为一次美妙死亡过程的一部分。"她说道。

其他的专业人士持什么观点呢？我来到悉尼市中心的圣心安养院，护士长亚当·惠特比当时正坐在他的忙碌的办公室里与人交谈，他要同时应对员工轮流工作制度和协调中心的日常需求。他现在任职于达尔文的姑息治疗中心，当时他描述了他心中何为优质死亡的图景。

"我认为，优质死亡意味着临终者是在无痛的以及与生活和解的状态中进行的。"亚当说道。

"总体而言，他们是舒适的，有尊严的。不幸的是，这种情况并不经常发生。"他说道。

他相信这在很大程度上是因为"姑息疗法"的专业性带来的益处还鲜为人知。

（本书中我将要探讨两样东西，它们截然不同但听起来好像全然一致——"姑息治疗"，通常运用于诊断后的长期治疗，有时长达几年的时间，而"临终关怀"则适用于生命的末端，死亡逼近之时。）

现代姑息治疗运动起源于英国，由戴蒙·西塞莉·桑德斯首倡。作为一名护士、社会服务人员和医生，戴蒙·西塞莉发现，在现代医院，当病人被忽略时，有时疾病却能治愈。

当病人走出大门，去认真计划并重启他们已经远离的生活时，会发现这些疾病并不是什么大问题。但如果医院治疗失败，疾病没有被治愈时，就成了悲剧，似乎死亡便是唯一的结果。

戴蒙·西塞莉游说并倡议在专注于应对临终者的需要和痛苦方面保留某种医疗方式，这实际上是回到了旧时代。因此，现代姑息治疗运动在全世界蔓延，被指定用于古老传统中为临终者提供舒适和慰藉的途径。从那以后，这场运动一直在延续。

我去拜访了总部位于阿尔弗雷德亲王医院的悉尼大学护理学院的癌症护理主任凯特·怀特教授，她希望阐明姑息治疗的现时状况和它能带来的益处。

我开始注意到在姑息治疗工作中存在的某种态度和同情心。凯特和这个领域的其他人一样，他（她）们会对临终者轻轻地抚摸，时刻准备好温柔地倾听。此外他们每个人对临终者都有一种看似不合时宜的快乐。我相信这来自于他们与生命循环的深度链接。

凯特对于优质死亡这个问题的回答比亚当的答案更空灵。

"当你走进一间屋子，在这里有人正在死去或者刚刚死去，如果你感到有一种平和、温暖的气息围绕在他们周围，那么这种感觉是很好的，"她说道，"而当你感到冰冷、孤独和贫瘠时，你会觉得这是糟糕的。"

她赞同亚当·惠特比和苏·普拉的观点，即人们可以通过为临终者提供良好的服务而使死亡成为一种良好的体验。而且她做出了解释。

"我认为，首先，此时此刻，需要询问病人他们想要什么，想要如何死去，对于他们而言什么是最重要的，他们想要谁陪伴在身边，他们想要亲人一直陪伴在身边吗？大多数人会说是的，但你不能假设，我想你需要询问。那才是他们想要的。"她说道。

显然，缓解身体的痛苦是至高无上的，但还有更多需要做的。因为如果临终者正忍受病痛或其他身体症状的折磨，会分散他们的精力，而无法去做对自己而言很重要的事情，比如与家人相处。

"对我而言，死亡就是物归原处。以一个健康专家和护理人员的视角，从最广义的意义而言，我看见死亡这件事情很大程度上是与尊严相关的。"

"显然这其中有身体方面的原因，有些人总是得到正确的关照，他们的隐私以及家人的隐私，得到了保护。但此外还有灵魂的尊严，对我而言就是在何处提供与个人价值观相一致的关怀。"

"灵魂的尊严"——多么美妙的字眼。

"对一名年轻小伙儿和对一名犹太背景的 65 岁城市女子而言，给予他（她）们尊严是不同的概念。所以要找出那些不同之处，那些核心要素。"

"我记得我曾照顾的一位病人，她告诉我，'你只要确保我的嘴唇涂上了唇膏，凯特。'"

当我告诉她玛丽莲的反应时，她说她能理解人们会对优质死亡表示质疑。她赞同这个领域的专家需要谨慎使用这个术语 / 字眼。

"我认为优质死亡是可能的，但我认为我们得谨慎表达我们的意思。事实上我认为这是关于'如何更好地死亡'的话题。"她说道。

凯特讲了一个故事，承认无论护士和姑息治疗护理人士帮助逝者经历了多么好的死亡，那些被逝者留下的亲朋好友们仍然是悲痛的。

她的故事里包括一位死于癌症的年轻母亲。凯特决定尊重她的遗愿，让她最后在家中去世。

"她很年轻，在她的第四个孩子出生仅六周后就去世了，我看着她和她的家人，我记得我对自己说，'我们如果认为自己为她保证了生命质量，该是多么傲慢无知啊。'"

"生命的质量"是在许多专业包装上的医学标准。但现实是，她即将离世。

"我们所做的一切就是帮助她感到身体舒适，并对她和她的家人提供情感支援。但现实是她作为一名年轻的母亲就不得不向自己的丈夫和四个孩子以及难以置信的有爱的大家庭作生死告别。而孩子们也不得不和他们的母亲说再见。"

"总体而言，她的死亡是优质的。"

"在这场悲剧中，这个有着巨大悲伤的家庭，存在着如此多的爱。

她在家人的环绕中去世，连刚出生的小宝贝也在身边。她的孩子们在房间里进进出出，有时你能听到他们在前厅的谈话。她的一大家人都在那里，她的丈夫躺在她身边，一切看上去有着不可思议的平静和尊严。"

人们、陪伴者、家人、生命。当死亡这可怕的一幕上演的同时，孩子们玩耍的画面让人难以忘怀，但又让人宽心。

没有什么能抚慰我们。在这种环境中没有什么能使得她的死亡成为一件好事。但至少，被自己需要的人环绕身旁会使死亡变得柔软一些、舒适一些，这不仅是对她，希望对留在世间的那些大人和孩子们也是如此。

第三节　如何陪伴临终者

据美国姑息治疗护士乔伊对自己临床工作的多年经验，她认为人们对死亡的最大恐惧来自于两点：疼痛和被抛弃。的确，这非常有道理。因为我们都是社会性动物。

今天，人们对于临终陪伴者这一群体的态度发生了认知革命，这使我们恰恰可以回顾现代医院出现之前的几个世纪的生活经验。

在我们今天所拥有的医疗技术出现之前，如果人们没有在工作岗位上死去，他们就会选择回家。在过去，疾病的原因无法精细区分。人们也并不追求诊断病因，只是简单地聚在一起祈祷。

男人总是死于战争，女人总是死于难产。而死于家中的两个最大的群体则是老人和婴儿。家庭主妇，无论她们的房屋多么小或简陋，会倾向于以相似的经验和仪式对待死亡和准备葬礼，当她们还是孩童的时候，就已经在对周围的人的死亡进行观察和学习了。

临终关怀收容所起源于中世纪的欧洲，在那些朝圣者（常常是大限将至者）的休憩之地。这些场所位于神殿和教堂之类的圣地附近。朝圣者从管理他们的修女和其他圣徒那里接受精神救助和医疗服务，因为这些圣徒与他们敬仰的神灵无限接近。朝圣者常常死于此处。

在今天的英国的坎特伯雷，在伟大的城市大教堂的阴影下，你还可以看见早期收容所的入口，朝圣者为了获得宗教的恩典，从英格兰各地来到这座教堂，当他们患病时常常渴望来到这里，因为他们知道死亡在临近。

我一直在阐述基督教的经验，但临终关怀收容所其实遍及全世界。在中国的古代画作中，出现过古老的收容所，上面是看护室，下面是动物室，它们现在仍然存在。

对于我们应该如何离开这个世界的传统观念，它的挑战正在到来，这是件好事。

你是在陪伴和支持临终者吗？也许你是正在陪伴某个临终者的独生子？请确保你拥有可以与之交谈并信任的人。

陪伴者也可以来自家庭外部，这个角色的范围正在扩展。如果有志愿者愿意花时间坐在临终者身边，会有许多姑息治疗团队欢迎他们的到来。这是因为志愿者能够付出专业人士无法付出的东西：时间。这一点已经得到广泛共识。

第四节　陪床时表现得更像一个家人或朋友

迈克尔·索尔是一名姑息疗法专家，他在生命终点领域写过许多文字。他经营着一间工作室，教人们如何"助力临终者"。

我以前听说过那种词眼。在妈妈所在的疗养院，休闲官特别善于照顾临终病人的需要，他们已经拥有一种似乎很神秘的直觉，知道院里的人什么时候会死去。他们会支持那些临终之际却没有家人或朋友陪伴的人。

"我是一名临终助力者。很少有人在临终时不希望自己身边有人陪伴。当他们身边无人守候时，我就坐在他们身边，我将这视为神圣的权利。"她说道。

当我告诉迈克尔这些时，他点头同意。"这个角色也被称为'amicus mortis'（临终者的朋友），"他说，"'amicus mortis'不需要由专业护理人员担任。"

"事实上，这是一个应该从专业人士中开拓的角色。早在1969年伊丽莎白·库伯勒·罗斯出版《死亡与临终》一书时，她就给自己讲述了一个关于茶小姐的故事。"

"库伯勒·罗斯经常讲述她在早期职业生涯中，当她护理的病人渐渐死去，病人家属却没有给她打电话时，她是如何极度沮丧的。反而病人家属希望有位茶小姐在那。然后她有天遇到了那个茶小姐，并对她说道，'我才是专业人士，为什么他们却给你打电话？'茶小姐回答，'因为对我而言，死亡是一个老朋友。'"迈克尔说。

茶小姐见过许多死亡，当有人寻找她们时她们能够及时出现。这种对于临终者的特权性质的角色不需要被授权给某个有专业技能的人。

如果不考虑护理技能的话，深爱并熟知临终者的人的在场胜过其他任何人。

"如果病人死于无痛，家人环绕着他（她），看着他们爱的人以一种自己想要的方式死去，那么你便不再需要奢求更多的东西了。"迈克尔说道。

雪莉是在母亲丽塔去世时的陪伴者。那个任务自然而然落到她头上，因为雪莉的父母移居到昆士兰州时，雪莉住得离他们最近。在母亲丽塔的最后几年中，离雪莉非常近。

雪莉好奇除了离得近以外，这种行为中是否还有其他内驱动力。她 15 岁时，在一次与母亲争论后无意中听到父亲对母亲说："让她去吧。不管怎样，她只是勉强在这里。"

"我有时疑惑是否那次无意听到父亲的话使得我考虑，在某种潜意识层面我觉得自己必须在那里陪伴他们，尤其是在妈妈余下的生命里，也许是为了证明我能做好看护这件事。爸爸的那句评论我一直铭记，我甚至怀疑它在某种程度上塑造了今天的我。"

"陪伴妈妈走向死亡是一条艰难之路，但我很开心我做到了。"

雪莉独自陪伴了她的母亲，而其他人在自己爱的人通向死亡之路时，扮演了更为积极的角色。

那就是开发隐藏的技能：对我们所爱之人的死亡进行管理，扭转常规心理，邀请专业人士参与，而不是反过来，由姑息疗法专业人士邀请家庭成员参与。

尽管如此，我们不得不承认在丽塔的事例中这有点复杂。在丽塔生命的最后时光，她需要通过一条管子来进食，并且自己无法移动身体，洗澡和如厕都需要靠他人帮助。

"虽然她没有说过完整的句子，无法清晰地表达，但我和医护团队都知道她想要什么。"雪莉说道。

那就是，丽塔不想在生理疼痛中完全依靠他人和外在器物而生存。雪莉知道结果是不可避免的，但她仍然对移除丽塔的饲管的决定感到忐忑，这条进食管道从丽塔的腹壁插入胃中（经皮内镜胃造瘘，简称PEG）。

"妈妈并未痴呆，她只是因疼痛和焦虑以及药物治疗等等而造成大脑糊涂，所以我想知道那些东西是如何造成她的思想混乱的，她的意识是否清晰，毕竟她同意了停止 PEG 的进食方案。"

这就是说，雪莉相信停止 PEG 进食方案是正确的决定，因为在此之前丽塔与她沟通过关于身体不适和焦虑的问题。

"妈妈之前常常提到她不愿像这样活下去，但我怀疑道德与宗教信仰可能妨碍了妈妈直截了当地要求停止 PEG 疗法以及其他显而易见的事情，如停止药物治疗等。"雪莉说。

"妈妈并未痴呆，当她说话时（或多或少），或听人说话时，她仍有能力表达意思和听懂意思，去世之前，这种状态她保持了一个月左右。妈妈有能力、有力量在这里自己做决定，可以这么说，医生授权给她在治疗这件事情上最终拍板。"

显然，我们应该对那些曾夜以继日奋力拼搏以挽救生命的卫士们示以敬意，即使有关的报告认为他们打扰了逝者生前的时光。

如果不考虑死亡在何处发生，你可以有更积极主动的表现，而不仅仅是出现在现场。如果陪伴者只是某人"在那儿"，那么助产士就可以成为那样的人。

"你不需要全知全能，但你可以获取相关知识。"迈克尔说道。从助力死亡概念的提出到近 100 年前大多数人在没有专业人士的参与下在家中离世的几个世纪里，让自己对死亡这件事拥有更多的控制权的事不乏先例。

如果你不愿成为临终者的那个陪伴者，那么可以让家人们重新安排他们的日程，无论多忙都是值得的，这不仅是为了临终者，也是为了陪伴者。每个人都可以有自己的角色，陪伴者、专业助力者、类似于护士和医生的姑息治疗专业人士，以及家人。

在自己所爱的人死亡之时陪伴在旁是一种特别的经历，它将教会你更多关于生命的意义，雪莉的经历似乎揭示了："它对我产生了深刻的精神影响。"

并且没有相关专业人士会反对你的出现，常识表明，无论多少专家会聚，最终，最重要的陪伴者，仍然是家人。

然而，这里需要提醒一下：我们一直有一种浪漫的观念，好像家庭是最能够培育我们和保护我们的地方。事实上，家庭也是能够给我们带来最大痛苦的地方。这一点有待被人们认知。

如果病人最后阶段不是在自己家中，虽然护理团队有最好的护理意愿，但他们对许多病人有承诺，而不是只对一个人，这使得他们很难专注于某一个病人，所以家人在场很重要。

你完全有权利为临终者创造一种平和舒适的环境。这包括，在临终者身边播放他们喜欢听的音乐，在他们身边摆放他们最喜欢的盆栽和壁挂，以及他们欣赏的照片和图画等。

家人和亲密的朋友比专业人士更了解病人想要什么在身边，仅仅这一点就使他们变得重要起来。

当某位关系亲近的人进入临终期，家人的作用是不可想象的。这个人需要什么，想听到什么，想看到谁？怎么做才能帮助他们完成生命的流逝这一过程？

在临终者的病床边说再见的家庭成员的数量有限额吗？不像那种急症护理医院的规定，临终者并不需要休息和安静的时间来苏醒。他们需要的是与自己爱的人在一起的权利。

在病人被尊重的环境里，不会对你的家人的数量和结构予以评判。专业人士认为这并非他们所关心的问题，只要能够给临终者带来安慰，且不妨碍其他病人。

为什么不能与众多家人一起告别呢？或许这就是临终者想要做的呢？！

"有时你走进病房看见家人围绕在临终者身边，你能感受到爱在支撑着他（她）。"凯特·怀特说道。

凯特说她无法证明，但她有一种强烈的感觉，这些被家人围绕着的病人常常会离去得更慢。

"当家人问，'为什么他们还在这里，我们无法相信'，我常对他们说，'看吧，你们将一起与那个人告别。他将要离开你们所有人。这是一件艰巨的任务，将要花稍微多一点的时间。'"

"我们不知道临终者的头脑里想着什么。但我有时认为当所有爱的人都聚集在房间里围绕在他（她）身边，死亡便不会那么快，我真的这么想。"

第五节　如何成为一个高效的陪伴者

以下这些是你坐在某位临终者身边可以做的一些简单的事情。这些事情都不需要任何特殊技能。没有一件事情会干预专业人士的护理，也没有一件事情会对垂死的病人造成风险。

> 与病人交谈，为他们朗读其最喜爱的作品，唱歌给他们听。因为听觉是临终者最后丧失的知觉。

> 在其他时候准备好安静地坐着。该是时候转变"别只是坐着，要做点什么"这样的观念了，我们可以"不做任何事情，只是坐在那里"。

> 倾听。临终者可能会说些听不懂的话，但他们也许在隐喻什么。对临终者而言，梦与现实，过去与现在，都是混淆的。他们可能会看见逝去很久的朋友和亲人，并想与之交谈。当他们这么做，你需要倾听并表示支持。

如果生命回顾是临终者想要做的，那么鼓励他们去做。生命回顾是临终者的语言反应，有时会持续很长时间。到那时为止，临终者解决了"我的人生有什么意义"这一问题，而其他人还没有。

用正常的语调与你的家人交谈，不要窃窃私语。即使病人无法理解你在说什么，他们也会听到你的声音，并感觉到不那么孤独。虽然他们病重到无法加入你们的谈话，但意识清醒时他们会享受倾听家人和朋友在身边的谈话，就好像自己正在参与谈话一样。

- ➤ 使病人的嘴唇保持湿润。到最后阶段，临终者因身体机能急速下降，失去对饮食的需求，从而没有饥渴的感觉。但他们可能会因嘴唇太干燥而受到困扰。临终者的口中有长串的唾液是很正常的，因为最后阶段他们不再喝水。你可以将湿润的纱布伸到病人的舌头下面，然后回到两颊的后面，使整个口腔保持清新。这些可以每15分钟做一次。你也许还想使用清新薄荷味的口腔凝胶。做这些不仅仅是为了使临终者感到舒适，也是为了我们自己更舒适，这样做能使得我们与临终者有身体的接触。
- ➤ 帮病人梳头发。尤其是在病人意识清醒时，他们喜欢你这么做。
- ➤ 如果病人在医院或护理室内，每四小时当病人需要翻身时请给护士让路，直到病人失去知觉。卧病在床的这种环境会让病人产生不必要的疼痛，而病人此时已经不能再说明疼痛的来源，也会因情绪烦乱而弄错。如果你在家中护理病人，要确保至少每四小时帮助病人翻身和起身。

与病人的舒适感保持步调一致，你的家人会觉得你为病人提供了真正的护理，并会帮助你和即将离世的亲人。

人们常常不会意识到正在接近死亡的病人会停止消化食物，并不再需要食物。亲友们因为担心病人又饥又渴而感到悲痛，而事实上，病人并不会。

然后家庭成员想要为临终者输入饮食的冲动非常强烈。他们想要看见病人吃东西，因为食物是生命赖以生存的基础之一。但给临终者喂食，实际上并不能见效。

液体也是如此。临终者将达到一种状态：他们不再能吸收任何液体，因为他们的器官功能开始急速关闭。在这一点上，死亡更加临近了，因为一个人在不喝水的状态下只能存活一周。

一旦病人停止喝水，他们的皮肤将开始变得蜡黄，并失去柔韧度。

越接近死亡，临终者将越无法调节自己的体温，他们会变得很热或很冷，这与天气无关。当血液供应开始转向核心器官时，手部和脚部的血液循环开始关闭，因此手脚的皮肤会变蓝。

如果我们有经验的话，会知道通常人们接近死亡时会变得焦躁。但愿这个过程简短一些。在临终的早期阶段对病人的死亡焦虑进行管理能够帮助他们减少情绪问题，药物治疗也能起到同样的作用。

家人们常常希望在病人临终之际陪伴在旁，所以他们希望在那一刻接到电话。但死亡的具体时间很难精确预测，工作人员将不得不做一些尝试和预测。

工作人员常被问道："我们应该寻找哪些迹象？"其实大多数迹象并不是精确的指标，它们只是在生命的最后几天或几周里出现。

如果临终者仍然有很强的脉搏，那么出去喝一杯茶或者回家洗个澡是没有问题的。

但当病人的脉搏很细弱且不规则，说明心脏开始颤抖，可能会停止跳动。工作人员很少仅仅依靠某一种迹象。

当病人发出死前的喉鸣，身边的家人和朋友会觉得可怕，但临终者自己并没有意识到。它是因临终者呼吸时，空气传递咽喉分泌物引起的。正常情况下，一个人会通过咳嗽将这些分泌物排出，但对临终者而言这变得不可能，因为当死亡临近时病人已丧失咳嗽反射功能。改变病人的身体位置偶尔能停止这种声音。

病人可能会经历潮式呼吸，甚至从死亡前几天就开始，当呼吸方式变得不寻常，好像要在短期内停止呼吸时，潮式呼吸就开始了。

医生们现在认为当死亡临近时，临终者将很快失去味觉和嗅觉，然后是疼痛感与触感，最后失去的是听觉。

好消息是即使病人以这些方式离去，他们常常在最后关头还保持着清醒——即便已不清醒——那些将职业生涯的大部分时光花在护理和管理临终者的专家们相信，尽管还有一小撮病人有痛感，但更多的临终者在生命最后阶段将不会受到特别剧烈的生理疼痛的折磨。当然，这一点需要加上限定词，人们对无意识的了解仍然很少。

第六节　冲突管理

面对临终者的各种问题，压力会陡然增加，这些压力对外人而言不足为道，但对家庭而言至关重要。期待与临终者相伴时一切都是快乐而轻松的，这不太现实。

丹妮丝有两个姐妹。她的母亲临终前，姐妹们想要限制来访者，只允许家人探视。但丹妮丝不同意这么做。

"我陪伴妈妈的时间超过其他人。我发现如果有她不喜欢的人来探视，她就会保持沉睡，但如果她喜欢的人来，她就会清醒过来。"

"我意识到妈妈实际上仍完全掌控着她的关系，并且知道如何处理它们，即使是她已到临终之际。如果某人问我的姐妹们是否可以来探视，她们常常拒绝，但如果他们来问我，我会鼓励所有人，因为我更了解妈妈的情况。这在我和我的姐妹们之间制造了极其紧张的氛围，但护理人员也赞同即使妈妈意识很微弱，她仍然在管理形势，她们看见了她的管理是对的。"

父母的死亡常常会造成子女之间关系的改变。有时兄弟姐妹之间会不再感到亲近，经历父母亲的死亡对家庭成员的关系是一次重塑的机会。这种重塑会在临近死亡的时刻强烈感受到，尤其在上了年纪的成年子女中。如果子女中有人被赋予生命终点决策权，而其他人没有的话，这种紧张的氛围会加剧。

这种紧张也会因对病人意愿的猜测的分歧导致的怨恨而变得表面化。

目标的差异使得我们无法消除冲突，但可以找到一条管理的路径。对于大多数人而言，我们可以运用工作冲突管理技能，因为工作场所是比临终病榻更熟悉的环境，但需要同样的思考能力。比如，李·杰·伯曼曾经在 www.mediationtools.com/articles/conflictres.html 上发表过下方这条清单，你可以参考一下：

> ➢ 保持镇静。
>
> ➢ 倾听、理解。
>
> ➢ 强调积极性。
>
> ➢ 解决问题，而不是针对人。
>
> ➢ 避免推卸责任。
>
> ➢ 聚焦未来，而不是过去。

就临终者而言，当第一幅"死亡的艺术"画作诞生时，人们认为消除冲突并与他人和平相处是悔悟罪行的精髓，它被视为可以升入天堂的纯洁灵魂所必需的。在这些画里，床底下总是有一群小精灵和小妖精：它们难道不是象征着我们在为临终者守夜时，自己的消极、疲劳和恐惧吗？

今天，无论病人是否相信有天堂，他们都会认为解决与他人的冲突极为重要，但不是出于宗教的理由。

不可避免的是，尚未解决的冲突会助长许多在临终时备受折磨的人的心理问题，尤其是那些依赖于与身边的人和谐相处才能达到内在平和的人。

死亡到来时这些心理障碍仍会存在，尽管浪漫主义观点认为，在某种程度上，即将来临的死亡会使人们的行为更"神圣"。

如果你知道某人患了绝症，希望在他临终前与他有一次私人交谈，那就努力尝试消除那些激烈的冲突，尤其是在到达任何治疗机构之前。

有几个理由可以说明这一点。病症初期，交谈会比较容易，病患身体还没有极度恶化时，所有人都能较好地管理他。但在病症后期，接近尾声的时候，无论你自己或是临终者，试图深入交谈的想法都是有风险的，因为你在那里是为了你的利益，是因为你想要解决问题，而不是为了病人的利益，而病人最重要的是与死亡做斗争。

家属们确实会在外人探视的问题上有抱怨，因为探视者只是因为他们意识到了自己过去的错误行为，而并不是为了病人着想。

另一个尽早解决冲突的理由就是，如果病人已经在医院，他可能已经给出一份自己不想见的人的名单，这是非常常见的情况。如果这是病人的心意，工作人员会尊重病人的意愿把你带走，即使病人后来会改变心意。

有时病人乐于见到某位特殊的来访者，但由于来访者与家属之间的历史关系，探视病人的权利依然被否决。

家属们有时会施加这样的探视限制，他们并未意识到这其实是他们自己的问题，而不是病人本身的问题。如果你为了垂死的亲人而限制探视，问问自己，这到底是你自己的意愿还是病人的，并与工作人员讨论，他们也许对垂死的病人有着和你不同的观点。

如果在姑息治疗情势下，有机会的话，社会工作者和临床心理学家会尽一切努力帮助临终者解决他们与亲近的家庭成员之间的冲突，因为在通向死亡的过程中，持续冲突会增长焦虑和烦乱，并加剧疼痛。

这一点已被专业人士充分意识到。

探视者和临终者之间的冲突是普遍存在的。其实，服务于临终者的专业人士都接受了这一事实，即垂死的病人与病榻边的家人之间会有正常的冲突。

家庭成员之间长久以来可能存在着手足之争和根深蒂固的紧张局势，有时从出生就开始了。就某位家庭成员的死亡而言，尤其是父母中的一方死亡，是大多数人将遭遇的最悲痛的事情之一 ——而他们不得不与兄弟姐妹们共同面对这些——紧张和冲突几乎是可预见的，并不意外。

通常，冲突会因家庭成员对临终治疗的意见分歧而激化，所以说预先制定清晰的计划和想法对每个人都好。

在一个典型案例中，两个女儿为她们的母亲是否想要进行复苏而争论，支持者与反对者都可以举出令人信服的案例。她们的冲突在母亲去世后仍持续了很久。她们的母亲说她很高兴能苏醒过来，然后之前那个由衷地相信母亲并不想苏醒的女儿，便陷入巨大的痛苦中，而家庭成员的关系也因此被毁坏。

在姑息治疗环境中，护士通常会认为他（她）们最重要的目标是保护病人免受任何矛盾冲突的显著影响，因为这种影响会毁掉专业人士努力为他们的病人争取到的平静与舒适感。

姑息治疗专家相信即使病人已是无意识的，让他们暴露在病榻边的争吵或对抗中，仍然会导致问题，因为病人仍能感知到。所以工作人员会希望在那时将他们的病人隔离在冲突之外。

让我们来面对它，即使在那些我们仍很亲近的人之中，父母、兄弟姐妹和孩子们，他们可能会成为很好的支持者，但也可能成为问题的来源。

冲突的原因包含以下几点：

➤ 历史因素，从细微的分歧到严重的功能失调的家庭关系。

➤ 精神健康问题。

➤ 家庭成员之间未解决的问题。

➤ 对垂死者的内疚，有时表现为愤怒或过度的补偿。

➤ 依据出生顺序的独裁方式，尤其在推崇长子拍板的家庭文化中。

➤ 性别偏差：儿子们和女儿们在决策的过程中扮演不同的角色，例如在有的家庭中，儿子拥有决策权或委托决策权，而女儿对私密问题负有责任，例如购买服装。

➤ 关于谁应该成为决策者或决策替代者的争论。这种争论可以是在重大问题上，如决定停止使用呼吸机；也可以是小的问题上，如关于如何为病人提供舒适的环境，或什么时候给冰块等。

➤ 临终者对兄弟姐妹的不同态度和表达爱意的方式的差异。

布里斯班的社会工作者安妮·哈迪曾说到，在从事了20年姑息治疗工作后，她发现一个家庭中的某位成员的死亡可能会凸显一个家庭的最好的一面，但也可能是最坏的一面。

"即使是一个正常情况下运转功能良好的家庭，也可能会被推至超越他们的压力承受极限的点，而无法应对，"她说道，"一个你认为管理得当的家庭，可能会有一个让你吃惊的触发点，然后事情会变得非常糟糕，与你期待的完全不同。"

安妮学会了不去做判断，或者不去尝试对家庭管理进行预测。

"当你不抱希望时，某些家庭可能会做得很好。比如，我最近为之工作的一个家庭，其父母都是瘾君子。在那个母亲去世的前四周，我一直在帮她处理情绪问题。我们做了很多工作帮助她的孩子们做好心理准备接受她的死亡。我对那位父亲的期望值很低，但我们发现他远超出我的预期。"

"每个人都在对家庭做判断，那个父亲只是走近孩子们并支持他们。他和孩子们做得很出色，这件事又一次提醒我不能以貌取人。"

"出于对临终者的考虑，社会工作者被要求进行心理干预，通常在病房的床榻边。"

"我们的目标，首先是与病人建立融洽的关系。病人一直是我们的首要任务，所以我们需要先询问，这一点会对病人有利吗？"

如果开会和讨论仅仅是对家庭有利，而不是对垂死的病人有利，那么会议需要在姑息治疗场所之外的地方进行，以确保病人不在与会人之列。

"第二个目标——受到临终者的邀请而工作，而不是在他们的同意下工作。组织和管理家庭会议、家庭协商和家庭调停。这些常常会将医疗团队卷入在内。

"这样做是为了让病人能够表达他们的愿望。所以这完全取决于临终者希望谁在那里。"

安妮曾经与一个大家庭一起工作过。几乎有 20 位家庭成员发生了冲突——为了开会讨论一系列的计划，所有人被邀请至临终者的病房里。

"我们为会议做了充分的准备。但实际上是为了提倡大家在病人生命的最后几天时光里让她听到一些声音，是为了让家人们倾听病人的愿望。争论围绕着在父亲已去世多年的情况下，孩子们身上将会怎么样。"

"外祖父母和舅舅姨妈们想知道在他们身上会发生什么，但我们安排会议让她有机会表达她真正的需求——在一次公开的讨论会上，这令有些人有一点惊讶。"

"她能够表达——在她的所有家人面前表达，所以会有若干位见证者——她希望她的孩子们与他们的一位特殊的姨妈，即她的姐姐，一起生活。这个选择对某些家人来说是很惊讶的。"

"外祖父母曾设想孩子们将要一起生活的人是他们。但她与自己的父母之间有着千丝万缕的问题，这些问题曾影响了她的童年，这些事情直到现在她才真正接受，而她的父母们并未意识到。"

"她的决定出乎大家的意料，许多人都认为他们有话要说。但她知道孩子们的归宿将会对他们的人生造成巨大的影响，这一点在她临终时想得越来越多，所以我们知道对她而言这一点得到解决是再好不过的。"

"经历了无数眼泪，但迎来了一个对病人、对孩子，甚至对整个大家庭都很奇妙的结果。"

"但我们也看见许多不像这样危在旦夕的状况。大家因正在发生的事情——即将会有死亡到来——而情绪激动，气氛紧张。"

家人和朋友之间的任何不和迟早都会突显，为临终者制造额外的问题。

我们需要意识到"允许谁去探视"是一个值得提前探讨的话题。我们需要尽早地考虑探视原则。

你可以让工作人员来管理这件事，大多数病房会挂上一块牌，上面写着："所有探视者都要到护士站报到。"

死亡的精神体验

第二章

　　我们需要了解非物质层面的死亡，包括精神（不一定是宗教的）体验，它使一个人的生命意义变得非凡。

第一节 "灵魂"疼痛

　　临终者的疼痛主要表现在两个方面，其一是他们的生理疼痛，其二是他们的"灵魂"疼痛——与面对死亡惩罚有关的恐惧和悲痛。后者使得临终者的疼痛完全有别于生命中所经历的其他疼痛。

　　灵魂疼痛常常是需要管理的一个重要问题。临终关怀收容所和姑息治疗机构对此做了大量努力——这是使得他们区分于急性病治疗医院的显著特征。（虽然在这些医院中对临终时的心理社会学问题的关注也在逐渐增长和延伸。）

　　有些人即便已经进了医院、姑息治疗机构或临终关怀收容所，但他们一直没有接受自己正在走向死亡这个事实，这一点会在死亡临近时增加恐惧和焦虑。而这些恐惧和焦虑会反过来增加身体的疼痛。

　　灵魂疼痛的重要性在临终关怀收容所和姑息治疗机构已被认识到。亚当·惠特比分享了艾琳的故事。

　　"她是一个年轻的女子，分别有一个 11 岁和 12 岁的女儿。她患有可怕的疼痛，她疼痛的部位，正是我们不得不为她进行脊髓输液的背部，我们给她使用超大剂量的药物试图帮助她避免这些疼痛。"

　　"她没有告诉女儿们自己已生命垂危。因为不愿透露这个事实，她正在经受深深的情绪疼痛。一名顾问在她身边工作了很久，让她到达了我们计划的某个阶段，她将回家度过周末，并将事实告诉女儿们，然后再返回医院。"

"当她回到医院时，她已告诉了她的女儿们，一切都进行得很顺利。女儿们显然很伤心，但她们已经知道了她们的妈妈病得很重这个事实。"

"她回医院后我们发现她的疼痛级别骤降了，我们不得不削减麻醉剂。她摆脱了关于告知女儿事实的所有焦虑，这对她的疼痛产生了显著的效果，我们需要收回所有的药品。我永远不会忘记它是如何显示情感痛苦是多么强大，以及在我们身体上产生的重要影响。这一点非常的意义非凡。"

当某人在临终关怀收容所或在姑息治疗团队的护理下正生命垂危时，社会工作者和心理学家是病人的护理团队的一部分，帮助临终者与死亡达成和解，并管理好自己的死亡。无论身体疼痛还是灵魂疼痛都将得到管理。这一点是遵循桑德斯建立的传统，她认为疼痛是一种多维的体验，包含身体、精神、心理、社会等各种因素在其中。

许多个人和专业团队可以对临终陪伴者提供帮助。风潮项目的慈善社区就是其中之一，他们提倡一种"临终关怀的方法，在有需要、面临失去和危机时互相照顾成为每个人要承担的任务和责任"。

第二节　死亡的精神维度

生、死、爱，它们是最大的人生体验，也是我们全部快乐和痛苦的来源。爱与痛是彼此缠绕的。有人说没有爱就不会有悲伤。所以也许我们越爱一个人，当他（她）去世的时候我们就越悲伤。我们哀悼，我们恳求命运、上帝，而当死亡来临时，上帝只是与我们擦肩而过。我们与死神战斗。我们依靠封闭对死亡的思考在无法避免的死亡前景中幸存。我们无畏地生活，所以被各种生活的想法填满，而从未想过死亡。

但当我们离开童年时，就会知道什么是死亡。没有人告诉我们死亡是什么。无论我们是谁，死亡还有更多的含义，不仅仅是肉体上的。

因此，无神论者和宗教信仰者都说死亡时自己在场，这就不足为奇了。他们说死亡是一场卓越的、强大的、改变人生的经历。所以它唤起的超越性的思想可以被我们所有人所接受。但一个真正死过的人到底经历了什么呢？多年来，难以计数的关于精神与情绪的力量的故事展现了人们在垂死时的感受。

死者不能重返人间来告诉我们——即便是那些有过濒临死亡经历的人也无法真正描述。我们有太多需要学习的内容。这个故事很打动人。正如那位垂死的女人，她虽然陷入深度昏迷，却等待了漫长的时间来和她的儿子告别。又如那个"等待"自己的生日那天离世的男人。甚至是我家庭中的曾祖父母，他们在一名曾孙出生两天后离世。仿佛，随着新一代出现，灵魂便会在夜晚相遇。

医生在与病人谈论精神层面的问题时也许会觉得不适，他们或许会觉得这不是他们应当扮演的角色。然而有些病人希望精神层面的讨论即将到来。

但姑息治疗正在改变，现在许多医生对于死亡的精神层面的认知持更开放的态度，他们准备好了倾听病人的担忧，如有需要他们会带来一名牧师或教士护理工。

"大多数家庭面临的一个难题是对死亡的无意识。他们认为这是一段毫无意义的痛苦和煎熬的时间，而实际上他们所爱的人在这个时候通常比以往任何时候更平静，感觉到无助，对该说什么、做什么感到困惑。现在我们知道临终者与他们爱的人联系和接触对和他（她）的家庭将是一个治愈的过程，甚至能创造出可以解脱临终者生命的空间。"迈克尔·索尔说道。

临终者可能会富有直觉，对身边的情绪和社会的细微变化做出反应，即使他们看上去处于无意识状态。

第三节　梦与临终的幻象

当人们处于临终状态时，梦与现实，过去与现在，经常会发生错乱。仿佛临终者能看见——并想谈论——那些已离世很久的亲友。当这种状况发生时，请试着去倾听并支持他们。这无关乎你的信仰是什么。重要的是临终者的需求。临终者对这些人的亲近感会帮助他们消除恐惧，并带来更多的舒适感。

"哦，我刚刚一直在和母亲谈话，我刚刚玩了一局好玩的网球游戏。"妈妈在离世前不久的某一天说道。

好像她刚刚放下她的球拍，把她的小宠物兔斯凯特塞在下巴下面，然后坐下来喝杯茶。我观察她的眼睛时能看见"鸢"，她的童年家庭在史卓菲区的另一头，这个区是以那座意大利大城市史卓菲命名的，她的祖父出生在那儿。她的家族三代人在那座悉尼的房子里生活过，祖父和他的兄弟们在那里玩过地掷球。

这有点田园牧歌的感觉，但我很快意识到这种特殊现象不仅仅发生在妈妈身上。如果你去问别人，他们也会告诉你关于临终者的类似的故事。

詹妮·C.说她的母亲玛格丽特在去世前的几周内一直盯着墙上的一条裂缝微笑。虽然他们不是那种常常说相信有来生的家庭，他们倾向于认为地球上的生命和来生之间的"面纱"上有一条裂缝，她能看见母亲凯瑟琳正在等待她。

80多岁的琼奄奄一息地躺着，我问她是否害怕，她微笑着说道："不。"那么，是什么在帮助她？

"妈妈和卡兰每晚都来陪我。我看见她们的金色的小卷发在阳光下闪闪发光。"琼说道。

琼的母亲50年前就去世了。她的女儿卡兰死于30年前，然而她们的出现帮助了她应对自己即将来临的死亡。她们给了她一种安全感和满足感。

围绕临终幻象有许多种理论。直到最近它们在科学文献中不再被提起，但或许这些理论只是意味着我们尚未理解它们。以往，姑息治疗之外的医生惯于轻视临终幻象，但现在这一点逐渐得到改变。

"有人认为临终幻象可能是药物尤其是吗啡的副作用导致，有些人认为是大脑缺氧或脑部的其他化学反应所致。第二种理论认为这是一种心理防御，是我们应对死亡的方式。第三种理论认为这是一种先验的体验，换句话说，这是一种超越我们理解范畴的神秘性。"迈克尔·索尔说道。

临终者也常常呓语，这通常被解释为精神错乱。但有人说我们不应该仅仅因为呓语就轻率地做出如此判断。这其中富含的信息可能会比表面上看上去的更深奥和复杂，也许它是对在此之前一直回避死亡话题的家庭提出的温和的警戒，而现在他们了解到病人正在走向死亡。

"当病人垂死时他们的直觉是高度和谐的，我相信他们的梦很绚烂、深奥和有力。"迈克尔·索尔说道，"这是他们的潜意识在说话，通过呓语、象征和神话与我们进行沟通交流。其意思可能会被歪曲，但如果梦境是栩栩如生的或周期性的，给出的信息通常是意义非凡的。

这就是做梦如此重要的原因。"

"人们偶尔会曲解临终者的话，误以为他们神志不清。但如果我们怀着更加开放的胸襟去倾听病人的话，就会理解那些正在被表达的强大的信息。"

迈克尔讲述了一位病人的故事。

"玛丽娜死于癌症，她有着深厚的精神生活，并遵循着瑜伽传统。对她而言最重要的事情就是在死亡之前保持意识清醒。在我倒数第二次探视时她的家人告诉我：'我们失败了。'我问，'为什么这么说？''玛丽娜现在产生幻觉了。'他们说。"

"玛丽娜的话是，'我正在爬山，当我爬到山顶我不得不做一个阑尾手术，在此之前我从未做过。'玛丽娜是一名执业医生，她的家庭推断她产生了幻觉，由此对吗啡产生了畏惧，虽然吗啡缓解了她的疼痛，但现在却导致精神错乱。"

迈克尔告诉他们："不，她告诉你们她正在攀登山顶，这对于她而言指的是死亡这项任务。她想要的是在一种意识清醒的状态下死去。她是在告诉你们她正在努力这么做。但在谈到手术时，她说她很害怕，她需要确保她能做到保持清醒，因为她之前从未做过这些。我建议你们对她说：'你干得漂亮。'"

那家人照做了，玛丽娜直到死亡前一天一直保持着意识清醒和平静。

第四节　无意识的意识

无意识和无意识的意识仍然是神秘难解的。我指的是它们的科学意义而非心灵的意义。无意识到底是什么？你探究得越多，就会有越多的问题，而不是答案。抛开近些年那些关于意识和无意识的诸多文章和讨论，到目前为止，人们对这种存在状态还知之甚少。研究仍在继续。

这个话题提醒我，自然世界的另一种奥秘仍在向我们人类揭示的过程中。有些迁移的鸟儿为了繁殖飞行了数千公里，然后返回家园。它们在迁徙地留下雏鸟让它们自由长大和变强。然后，成长起来的新一代鸟儿开始它们的第一次长途迁徙飞行，这是它们未曾做过的。它们又飞行数千公里，在它们的父母生长的地方登陆，它们之前从未曾经历过类似的旅行。

这个领域的专家们过去常常探讨无意识，但现在他们讨论无感应性，并注意到无感应性并不等于无意识。这是因为现在有证据表明多达40%的无感应性症状的病人（过去被称为植物人状态）其实有不同程度的意识，而这在过去不被人们理解。

此外，大量被麻醉的病人现在被发现拥有"连接意识"，即对外界有感知。

有充分的证据表明许多反应迟钝的病人在恢复活跃生活后会有一系列的经历，从简单的感觉到复杂的做梦一般的状态。

有一个类似的例子，我认识的一个人陷入半昏迷状态后在重症监护中完全恢复了。他梦见自己正在与敌人战斗，敌人绑住了他的胳膊。后来他发现他的胳膊确实曾经被护理人员绑过，为了避免他在无意识状态下扯掉连接在他身上的管子。

现在我们意识到相似水平的意识可以存在于那些无反应的病人中，因为他们正在通向死亡。有很多人的故事表现了这一点，他们可能几天都没有反应，显然已陷入深度无意识状态，然后通常在临死之前，突然进行强烈的或直接的沟通。

"我看见过不知道多少次了。"亚当·惠特比说道，他照料过数百个临终者。

"一个无意识的病人在临终前一直在等待一个重要的人物穿越洲际公路或其他远方来到他们身边，然后当重要的人物来到后不久就去世了。所有姑息治疗护士都经历过那个场景。"他说。

"有些人在他们生日那天去世。这是特别的。你能理解临终者在处于深度无意识状态下对另一个人的声音和触碰的反应，但如果你数日来一直保持无意识状态，你如何知道你的生日是在明天？"他说。

"它可以是你看见病人睁开双眼时的样子，好像在富含深意地盯着他们爱的人的眼睛，微笑着，然后死去。在此之前他们已经 3 天没有睁开眼睛了。"凯特·怀特说。

"我在那些等待所爱的人来到他们身边的临终者身上见过。"玛丽说。她是一名重症监护护士。

"就是上周我护理的一个老太太，她马上要咽气了，她在此之前曾告诉我，她仍在等待她的儿子。其他的孩子都来探视过，而这个儿子得从墨尔本过来。他是最后一个到达的，而且飞机晚点了。到那时为止她仍处于无意识状态，但她仍在等待。这个儿子一到她就闭眼了。"

当你陪伴某位临终者时，要意识到这种经历的可能性，即便这挑战了你的信念体系。

姑息治疗工作者常常将病人和爱着他们的人在一起的时光视为对双方都很可贵的时刻，即便双方什么也没说。他们注意到这在最后的交流中是最明显的。

"看似我们的朋友玛格丽特一直在拖延等待，好像她需要得到允许才可以离去似的。"凯瑟琳说。

"她一直存在着呼吸问题，年轻时她的家庭一直强烈需要她。她过去常常努力与自己的病症做斗争。一天下午我叔叔坐在她身边，告诉她：'你现在可以走了，你不必再那么勇敢，我们允许你走了。'说完这话，随后不久她就去世了。"

第五节　孤独地死去

虽然没有人能够死而复生然后告诉我们在死亡的那一刻他们在想什么，但护士们相信，正如一些垂死的病人在等待说再见，而还有一些病人等待着孤独地死去，在家人离开房间后或是去喝杯茶的空隙间死去。

珍妮·T. 在她父亲去世时就有过这种经历。

他已经到了帕金森病的可怕的最后阶段。他已经丧失吞咽的能力，并且他的各项器官功能正在关闭。死亡是一个漫长的拖延的过程：在医院的病榻边夜以继日地陪伴多日后，珍妮·T. 以及她的母亲、兄弟几乎因情绪激动和疲惫不堪而变得歇斯底里。

珍妮·T. 回忆："我坚持让妈妈去咖啡馆喝杯茶。二十分钟后当我们回来时，爸爸去世了。我被内疚感震住了，但我妈妈说她确信爸爸是刻意选择了那个时刻死亡，这样能缓解她亲眼看见他死去的悲痛。"

悲哀的是，有些人死去的时候，自始至终没有任何探视者，没有一个人在身边。有时，他们没有提到任何亲人的名字。但除开这些，姑息治疗工作人员会试图确保临终者不在孤独中死去。

在这种情况下，由于专业人员时间上的压力，与患者接触有时是交给姑息治疗志愿者的一项任务。这些志愿者无法一直与临终者在一起，也可能无法在临终者去世的那一刻在他们身边，所以他们的目标是尽可能地提供陪伴。志愿者说这是他们最有价值的经验。

在少数例子中，临终者会事先给出明确的指令，不要让家人在他们身边。即便如此，他们仍可能会让一名护士在身边。

退休的姑息治疗护士弗兰记得一个例子，一位独居在自己家中的女士送完她的家人后，只留下弗兰在身边，然后便去世了。她不想要家人和朋友们留下，而只希望弗兰在身边，她认为弗兰对她的家庭关系是客观的、中性的，而非批判的、同情的。

"他们都走了，我是唯一一个留下来陪她死去的人，她告诉所有的家人和朋友们别来，所以只有我和她。我是唯一一个陪伴她的人，我为此感到难过。那是我永远无法忘怀的一次经历。"弗兰说道。

第六节　我会去哪？

我们对死亡的精神实质的深刻理解跨越了宗教界限。

确保临终者有权表达他们的精神世界和宗教信仰是选择临终护理机构的一个重要方面。

对许多人而言，当死亡临近时，最大的一个疑问会是，死后生命仍存在吗？这个时候，并非所有人会坚定地在终其一生坚持的观点上守住阵地。

姑息治疗工作者安妮·哈代说：“我发现那些有信念或某种信仰的人，无论信仰的对象是什么，在精神层面或更高的维度上，常常比那些对死亡深怀恐惧的人应对得当得多，因为后者不知道自己身上将会发生什么。”

但安妮强调我们需要对个人经验的推广保持谨慎。

曾经是无神论者的人可能会去问上帝，而表面上虔诚的人可能会变成怀疑者。

“有一个人说得很清楚：‘我想要神父。’而在那些说自己是无神论者的人们当中，关于灵魂发生了什么，也有着不同程度的信仰。”亚当·惠特比说。

“我曾有过相信有来世的病人，他们在生命临近终点时开始怀疑。

那些相信有天堂和地狱的人们有时开始恐惧死亡，因为他们不知道自己死后将会去天堂还是地狱。那很糟糕。当我告诉他们'你是多么好的一个人'时，他们并没有感到安心。"

"我与那些一直怀有信仰的人有过多次交谈，当他们临终时会说：'亚当，你信仰什么？你认为死后会发生什么？'"

"我有几个病人，尤其是年长的女性，说：'我不再确信地知道自己信仰什么了。'那有点悲哀。他们终其一生怀有某个信仰，而到临终时却对这个信仰不再坚信不疑了。"

关于死后身体和灵魂会发生什么，允许每个人在这个问题上表达他们的宗教价值观，是很重要的。

在我们的多元文化、多元社会里，持有不同观点的人将会参与彼此的死亡。一个有虔诚宗教信仰的人可能会去护理一个无神论者，反之亦然。今天的医疗工作人员都受过训练，要对他们的病人的精神信仰保持尊重，不要试图将自己的信仰强加到病人身上。

即使是看似怀有同样的信仰的人之间，也需要探索微妙的差异。

比如，同是基督教会也会有差异，有时这种差异是如此细微，即便那些同属教会的人都难以辨别。一个天主教徒在上帝面前怀疑自己的价值，这是一个值得尊敬的神学立场。通过他们的神学视角，以一种深深的谦卑的状态去问，他们是否做得足够好——对上帝和对邻居——配得上在天堂谋得一席之地。这是一位虔诚的天主教徒在每次做弥撒时所说的咒语："主啊，我不配让你到我家里来，但只要您说一句话，我的灵魂就会痊愈。"

一个虔诚的圣公会教徒看到这样的怀疑会感到震惊。新教徒有"信心"，因为他们相信耶稣和他的复活，相信他们会被拯救。他们在一生中所做的一切，通过他们与他人的关系，在精神上是无关的，即使他们是善良的。他们确信有天堂，并快乐地觉得自己有资格在那里，只是因为他们相信。

这些不同之处在外人看来深奥难懂。但如果你是一个正在垂死的天主教徒或新教徒，这些不同之处对你而言会至关重要。

第七节　生命回顾

在生命终点时回顾我们的一生，是人性至关重要的一部分，它跨越了文化和宗教的分歧，跨越了时间强加的障碍。

多个世纪以来，基督教文化鼓励垂死者口头回顾他们的一生并忏悔，以便踏入天堂之门。生命回顾也是佛教传统的一部分，为了在临终时保持专注力，并确保有一个更高层次的来世。

今天，无论背后是何种文化传统，都鼓励在临终时进行生命回顾，不同形式的生命回顾，仍被推荐给人们用来面对他们的死亡。

哲学家和姑息治疗专家指出，尽管人们对宗教的态度改变了，但仍然有着对生命回顾的需求。与临终者工作过的医生将绝症患者的诊治视为表达慈悲、宽恕和体贴的一次机会。是一种有意义的告别。

不管他们采用什么正式的方式回顾，有些人会想要向人们表达他们之前言之未尽的事情，有些人想要分享过往的麻烦，有些人想要承认某些事。

"当病人通向死亡时，我能听见他们内心深处的秘密，他们告诉你的东西很神奇。"老年人护工芭芭拉说道。

"一个女人告诉我关于她丈夫的所有事情，以及她有多么憎恨她的丈夫。她丈夫是社区的一名受人尊敬的社员，所有人都认为他俩是完美夫妻。但她需要谈谈自己真正的生活是怎样的。她将从未告诉过她女儿的事情告诉我："你是唯一一个知道我秘密的人。'"她说道。

还会有一些人在回顾他们漫长的一生时并不想说什么，只是需要陪伴。那就陪着他们共享漫长的静默。这种性格的病人或处在这种回顾状态的病人，用这种方式同样舒适。你可以先询问他们你是否可以只是坐在他身边，并轻声表达你不会与他交谈，如果这是他们更想要的方式的话。

人们往往希望临终者变得更好，成为透视者或全智者，我们要抵制这种倾向。一些人会想要我们爱的人揭开生命的特殊视角，或分享智慧的珍珠，以帮助他们应对亲人即将离去的困境。但那些为临终者工作的人们倾向于对此持谨慎态度。我们是否只是将自己的情感或精神需求投射到临终者身上，而后者其实有他们自己完全不同的想法？

反而那些为临终者工作的人们常说，人们死亡的方式与他们的生活方式是匹配的。喜欢独居的人，可能会希望独自死去；生活中常生气的人可能会愤怒地死去。即将到来的死亡也许会给有些人带来英勇的转变，但不是所有人。一个善良且生活优越的人也许会变得异常恐惧。

或者，他们死亡的方式可能只是真正的自己的一种近似的投射，因为他们的生命受到了限制，尤其是在接近死亡的时候。

生命回顾并非总是愉快地结束。有些人不喜欢他们在诚实的生命回顾中所看到的。专业人员意识到，有些人在回顾一生时并不能产生任何舒适感，而只是极度地失望。所以他们对于生命回顾会持谨慎态度。它并不适用于所有人。

但生命回顾可以被理解为一种新的现代方式，它是一次对人生经历进行概括、对人生意义进行总结的机会，而非进行自我评判。

今天，许多机构都在做这件事，用录音和文字记录的方式将生命回顾作为给家庭成员的遗嘱。

"这不仅仅是关于看到某些东西被记录下来的需求，它是人们理解自己的一生并对正在经历的现状赋予意义的一次机会。"一名遗嘱撰写志愿者说道。

作为回应，人们将生命回顾写成了传记，许多医院现在开始将运作传记计划作为他们的志愿者项目的一部分。公司也会收取佣金来完成这些工作。例如，Sound Memories 的路易丝·达莫迪准备了播客、视频或其他媒介产品。

第八节　管理恐惧和焦虑

患过癌症的病人最大的恐惧之一就是癌症复发，中风的病人也是如此。现代医学已经发展了新的心理疗法，并且被健康专家大量应用于帮助人们应对这些情景。因为恐惧是真实的，因此恐惧产生的痛苦是应当被尊重的。

如果你发现自己处于这种情形，要记住恢复良好的例子已是屡见不鲜，所以请试着乐观地思考——但同时，做最坏的打算。如果需要的话拜访其他人，有助于完成这件事。例如，如果你曾有过一次中风，或者如果你被告知中风复发曾在你认识的许多人身上发生过，那么与其反复忧惧中风复发，你不妨经常访问中风基金会的网站并阅读其更新的消息，以此积极地跟进预防中风的最新信息。那些好消息能帮助你改变对中风的认知。坚定的人准备好了与你交谈，他们能告诉你参与的方式，如果这有利于你的话。

你可以将同样的思维方式运用于其他可能出现危及生命的病症上。

在澳大利亚，为那些身患可能危及生命的疾病但想要提高生活品质的人们提供信息和支持的网站有：Dementia Australia, the Heart Foundation, the Lung Foundation and the Cancer Council. 相似的机构和基金会也存在于英国和新西兰。

当伊丽莎白·库伯勒·罗斯在 20 世纪 70 年代提出了她那项关于理解死亡的突破性研究时，她设想了病人需要经历的五个阶段或五种情绪状态。"接受"被定义为人们在知道自己即将死亡时将会或者应该到达的阶段。今天，人们承认，"接受"死亡并非是必然的，情绪不是简单直线型的。"接受"甚至可能不是临终者的目标，也不必然是他们的心理状态的一部分。尽管如此，一些人说"接受"最终会到来，即便是生命的最终时刻。

情感逻辑建议我们拥抱"接受"死亡的想法——毕竟，这意味着舒适和某种形式的平和。当你不得不"接受"死亡也许是疾病的最终结果时，请确保，你能够从专业人士那里呼请高水平的情感支持。

对于临终者，否认——对临终状态的否认——将会成为你管理自己的死亡的一个重要因素。在"功能性否认"中，你勾勒出为了继续前进而死亡的前景——这是一种积极思维的极端形式，对某些人很管用——当你越接近终点，这种思维形式为你服务的效率就越低。与临终者在一起的工作人员说，当死亡临近时可以与之交谈，这给了病人一个与他人交流的机会，并获得高水平的言语和非言语的支持。

记住，无论死亡时你想要什么——尊严，平和，家人的平静，与自然的连接——最终，获得这些需要靠你自己。没有人可以从你身边夺走你的尊严和你的掌控感——也没有人能够给你这些。它不是某种由他人赠予的东西，它不是来自于最现代、配备最精良的姑息治疗机构。它是来自于你自己。这意味着可能有一些灵性的工作需要你去做，还需要一点心理上的延伸，这样你才能在生命到达终点时获得你想要的尊严。

只有你知道这是什么。因此，只有你能够做那些需要做的灵性的工作，无论这对你而言意味着什么。但是我再一次强调，向他人求助是一个好主意。

如果你患上癌症晚期，可以寻求心理咨询师的服务。这些服务也许在你的医院能够提供，如果医院不能提供，那么你可以询问工作人员，你还能向你的全科医师寻求帮助。

肿瘤心理学家的服务，现在虽然不是所有的医院都有，却也可以在一些大医院获得。他们通过训练帮助癌症患者满足情感和心理需求。

如果你是临终的病人，请记住你并不孤独。不要害怕向你的姑息治疗团队寻求此类帮助。他们会迅速帮你与能提供帮助的专业人士取得联系。

在生命终端时，可能会需要管理心理问题的药物，但科学研究和临床实践一再表明如果病人能够以一种让他们感到安心的方式处理关系，他们就会尽其所能地解决情感上的问题，心理症状将会好转。

但要留心某些现实状况。许多姑息治疗专家说他们看见过那些倾其一生都没有解决与他人的冲突的人，会面临更大的死亡困难。相似的情形也发生在那些一生都在保守秘密并因此塑造了自己的人生的人们身上——例如，秘密的情人，私生子，秘密性虐者（无论作为受虐方或施虐方）等。

姑息治疗机构拥有充足的联合卫生专家资源，例如社工和心理学家，他们可以帮助你解决生活中的问题，会对你的死亡方式产生影响。

如果某人与你有数十年未往来，却突然出现在你的病床边该怎么办？你将如何回应？即便他们很想见你，你也许并不想见他们，你可以要求探视者在来访之前先经过护士团队的审查。如果你认为需要这种支持，可以向你的心理咨询师、社工甚至参与治疗的护士们寻求帮助。

如果你打算在自己家中死亡，可能需要额外的考虑和提前的规划，因为对不受欢迎的探视者进行审查的工作需要你的家人去执行，而他们在管理这种情势时可能会技巧不足或掺杂个人感情因素，不像医院里受过训练的专业人士那么公事公办——他们也许会对你的情势施加自己的判断。

我们有时幻想，临终者的情感状态即使不是纯粹的，也是趋于成熟的，因为我们相信"终止"的观点。我们甚至可能在寻找"快乐"的终点，这将有助于使这种"丧失"的情感经历变得有意义。但现实是临终者也许不想在临终时见到他们早已疏离的人，就像他们平日里那样。

害怕疼痛是可以理解的。大多数健康人也会害怕疼痛。临终前的一些种类的疼痛可能会尤其剧烈，例如骨头痛。有些临终者不会经历任何疼痛。但你的护理团队通常会预估疼痛是否会发生。如果你害怕疼痛，不要隐藏你的害怕，告诉你的治疗团队。在理想情况下，他们会倾向于向你推荐疼痛管理专家，后者会成为你的治疗团队成员。但情况并不总是如此。如果出于某种原因工作人员无法帮助你处理恐惧，那么请坚持并要求家人协助寻找你所需的专业支持。

这一目标，是为了让每一个健康护理团队和每一家医院懂得如何获得专业人士和资源以帮助你处理疼痛本身和对疼痛的恐惧。

如前述，我们并不完全了解无意识。言外之意，这意味着我们无法全然确信一个无意识的人不会经历疼痛。然而，大多数正在研究疼痛的专家们相信，无意识的意识通常并不包括痛觉觉知。

管理疼痛和
其他身体问题

第三章

我们需要学习如何消除疼痛，因为这是一种不必要的负担，并且不利于优质死亡这一目标。

第一节　床痛和褥疮

即便没有什么明显的疼痛与导致死亡的疾病有关，吗啡通常在生命的最后一刻被使用，常用来对付背部疼痛和因无法活动和无法变换姿势导致的不适，这被一些专业人士非正式地称为"床痛"。这种不适是压疮的一种早期迹象，也称为褥疮。褥疮的良性管理是确保舒适死亡的重要因素。

一个健康的人躺着的时候不会完全静止，即便是熟睡之后。但如果是生命接近终点时，活动停止了，身体的静止会导致皮肤分解并产生溃疡，尤其是那些骨头突出的部位，例如尾椎（脊柱底部的骨头）、脚后跟后面的骨头、手肘和肩膀等。

当病患活动越来越少，无法翻身换位，身体的肌肉无力就会增加，由此因压力导致的皮肤溃疡和病变的风险就会提升。有些人会比其他人更容易患上褥疮。为了避免这一点，应该使病人进行有规律的活动。在姑息治疗机构里，通常由助理护士完成这项工作。如果病人在家中，需要有家人做这些护理。理想状态下，病人应当至少每四小时翻身一次，有时需要更频繁，以确保皮肤表面有摩擦和压力的地方不会分解并产生溃疡。缺乏管理的皮肤破裂会促使病人移动，并试图离开痛处，这有时会被误解为坐立不安。褥疮通常用穿衣服和清洁的方式应对，也可以用弹簧床垫来进行管理。

这种干预与治疗褥疮是平衡的，因为病人临近死亡时无法完成任何事情，而通过干扰病人去解决问题也不会引起任何改善。这时可以开吗啡的药方用于疼痛管理了，且吗啡可以外敷。

第二节　精神错乱

当病人步入生命尾声阶段时，他们会精神错乱吗？精神错乱常常是一种老年痴呆的症状。在日常生活中管理精神错乱的措施可以用于病人的临终体验吗？总体原则上，病人过去用以治疗痴呆症状的用药需要停止，因为这些药物在提高思维清晰度方面小有成效，但在协助管理行为方面却几乎没有什么作用。

陪伴病患的家人可以为此出力，与医院工作人员讨论一些事宜。一位85岁的健谈、机智、活跃的女性，她的行为完全正常吗？抑或与其性格背道而驰？护士或医生是不会知道的。而她的家人会清楚地知道，并可以提醒工作人员对此极度活跃的精神错乱进行秘密诊断。当然，她也许还是像平常一样，但是现在她对事物的反应比较慢，表现得无精打采，行动也不自然，这些表现在她邻床上的同龄女性身上是完全正常的，但在她身上却不是。

在这种情况下，家人可以向医护人员告知她的行为反常，有助于对亢奋的精神错乱症状的诊断。

如果你曾和医护人员就临终者的管理进行过沟通，他们会调查事实并计划对治疗方式进行改变。

第三节　躁　动

临终躁动（传统词汇称作"垂死挣扎"）发生在许多临终者身上。现代医疗专业人士憎恨"垂死挣扎"这种措辞，但它听起来很真实。这种说法已经流传了几千年。

《死亡的艺术》其中一幅画描绘了不耐烦的诱惑：一名垂死者正在踢他的医生，他的妻子站在旁边恳求他停止这个行为。但令他不耐烦的是什么？是对死亡的不耐烦？还是对围绕身边的人的不耐烦？通过现代透镜，我看到一个人在失控的情况下对别人进行踢打。也许这就是临终躁动的表现——有时表现为暴力。

有些姑息治疗专家认为通过详细讨论这个话题，可以使读者消除恐惧。但我希望通过精确描述这种明显的躁动，使人们减少恐惧。我们生活在一个与死亡隔绝的时代，在谈及死亡的时候，这种描述常常起到很大的作用，因为我们想象的往往比实际发生的更遭。

据估计，有些地方25%～85%的垂死病人会经历某种形式的临终不安。包括躁动、精神错乱、肌肉抽搐和易怒，这些症状通常发生在病人开始对他人无反应之后。在许多案例中这种表现是温和的，而在其他一些案例中则表现得更加极端。

临终者有时会在床上翻滚、摇摆。这种状态也许只是瞬间的、可控的，或者也可以是非常剧烈的，这很难观察。到底发生了什么？病人知道在做什么吗？病人害怕吗？恐惧死亡吗？作为观察者，我们很容易把自己的感受叠加在上面。病人看似好像在战斗：与死亡搏斗，与地狱搏斗，与坟墓搏斗，与他人搏斗。在非常极端的例子中，他们真的与他人搏斗，而且是很暴力的，但这种情况比较罕见。这些反应会让陪伴者产生一种无助感。

医疗保健专家试图使陪伴者确信，临终者常常并不知道自己正处于情绪折磨中。躁动是一种心理体验，在死亡的进程中它有许多身体原因，今天人们倾向于用生理的方式来管理，比如，用药物疗法。

随着我们的认知提升，这种方法将再次改变。

临终躁动的多种可能性，直到最近才被完全感知。姑息治疗团队会尽一切努力来确定是什么导致临终者在此时的躁动，无论是心理或身体。

身体的原因包括大脑缺氧，医学上称为"低氧"。如果是这个原因，就会进行氧气管理。它也可能是药物的副作用引起，或疼痛、药物交叉作用、发烧、癌症病人血液中含钙过量，或者其他还未确认的身体问题。

而心理原因可能包括临近死亡时增长的恐惧感、孤独感、精神紧张，所以今天的姑息治疗队伍包括社会的、心理的和宗教的等众多团队，他们在此基础上工作，如果对这些问题早日进行探索，他们将较少地出现不良反应，这些反应在接下来的死亡过程中更有可能表现出来。但有些人可能不会受益于此。

有些人也许会对发生在自己身边的事情丧失理解力，这使得他们陷入恐惧。他们下一步的反应可能是试图逃跑，从床上爬起，下地，或者将其他人推出去——所有这些行为大多处于无意识状态。

如果病人持续躁动，工作人员会试图缓解症状。如果病人处于意识清醒状态，通常使用谈心疗法来缓解心理压力。这个疗法在早期是有效的，但当病人已失去沟通技能或半清醒状态时就变得无效了。在这个阶段，工作人员可能会对病人使用镇静剂，苯二氮平类药物可能会被使用，即便病人在过去从不需要此类药物。

用于缓解躁动的药物五花八门。新的药效显著的药物正迅速进入药品市场。尤其在今天，许多人喜欢通过谷歌搜索，了解病人的药方上的药品的功效。这么做的时候请留心，家人们会感到震惊，他们会看到有些用于缓解躁动的药物与过去用于治疗精神病的药物是一样的，然而他们的病人一生中从未患过精神病。如果你发现用药的问题使你困惑，那么请询问医疗团队。

有些药物——包括吗啡——可以导致逼真的梦境和梦魇。理想状态下，这种情况是否将发生在病人身上，现在是可以被检测到的，并且阿片类药物的剂量也被考虑进去了。这需要熟练的管理，因为梦和幻象是临终体验的一部分，正如病人会越来越接近无意识状态一样。管理这种状态的专业人士，通常聚焦于病人的整体状态，而不仅仅是他们的病和相关症状，如果他们意识到病人之前的恐惧和对药物的反应，会得到很大的助益。作为床边的陪伴者，如果你对使用的药物有疑问或担忧，请询问他们。

不幸的是，姑息治疗专业人士承认，偶尔在极少数案例中，病人的极端躁动行为很难被消除。

第四节　当呼吸急促和疼痛开始发作

如前所述，尽管疼痛令我们恐惧，但你会发现大多数人在生命终点时并不会经历剧烈疼痛，你也许会对此感到惊讶。疼痛没有我们大多数人想象的那么严重，然而呼吸急促和呼吸系统不适会成为更大的问题。

这是因为当某人临近死亡时，他（她）的肺会和其他器官一样恶化，他们会经历呼吸衰竭，也就是肺衰竭。他们无法移动身体和深呼吸。他们变得如此虚弱以至于无法吐一口痰，这增加了感染的概率。

通常人们认为，不应该因为害怕呼吸困难而开阿片类物质的药方来应对。但这种观点，与致命的呼吸困难相比，就不值一提了。

现在的教训是，有严重呼吸疾病的临终者应当避免使用阿片类药物，因为这类物质会加重症状，但有点矛盾的是，小剂量的吗啡对临终前的呼吸衰竭是有效的。其原因不是非常清楚。但有证据表明吗啡能缓解临终者的悲痛，令他们放松，增加他们的舒适感，减少恐惧感，从而有助于他们变得轻松。

因此专业人士认为治疗呼吸困难的方式与治疗床痛的方法相似，就是减轻不适。但回到疼痛的问题上，"超过85%的姑息治疗病人在临终时没有严重的疼痛症状"。澳大利亚研究者凯西·伊加和她的同事

们在 *The Conversation* 网站上说道。

他们认为那种极度受折磨的死亡是很罕见的，这个观点很鼓舞人心。那就是说，即便临终前的疼痛管理一直在改善，可悲的现实是，良好的疼痛管理策略并不像你想象的那样到位。令人欣慰的是许多机构现在正在解决这个问题。

伊加提到 15% 的患者会在临终时经历严重疼痛，这仍然是一个庞大的人群。

姑息治疗职业人士现在相信 97%～98% 的时间里，临终前的许多症状可以得到有效缓解。不幸的是，在这个专业领域之外，这仍然被视为一种理想，而非预期。

疼痛管理是医院和病患护理领域最常被提及的话题之一。而疼痛与疼痛管理之间的差距仍然存在，弥补这种差距已是现在学术讨论的重要部分，并越来越多地对医护人员提出了倡导。

关于临终者的疼痛管理最普遍的问题在于，死亡的发生超出了姑息治疗团队的能力范围。这通常是在医院内的其他专科病房做出的决定，出于各种原因，没有通知姑息治疗团队。（有时正好相反。有的团队通知了姑息治疗团队，但没有得到及时反应——可能因为人员配备不足。）

我曾与这些专科病房的人士私下讨论过临终疼痛管理的一些问题。举例如下：

> ➤ 一些工作人员不愿按规定剂量和频率给病人服用阿片类药物。
> ➤ 有些护士发现了问题，要么是疼痛本身，要么是疼痛的来源，但不记录下来。

> ➤ 早期使用的扑热息痛等基本止痛药，没有写入病人的病
>   例中。
> ➤ 临终躁动未记录在案。
> ➤ 病人是否能自主决策没有记录在案。
> ➤ 病人的愿望没有记录在案。

这些在临终护理认知上的差距现在正被广泛讨论。比如，在新南威尔士州，"临终生活工具箱"方案正在被推广。整个澳大利亚，医院各部门正在雇用临终协调员以实施更好的临终护理方式。

临终陪伴者最大的挑战是了解什么时候他们的担忧是合理的，以及什么时候表达出来。你有权开始讨论你的担忧；实际上临终者床边的大部分专业人士会欢迎你的问题。这给了他们机会去对他们所做出的而你可能没有意识到的所有事情进行解释。陪伴者可以期许得到尊重。

今天的医学院正在教学生们接受不低于97%～98%的无痛死亡作为他们的工作基准时，一些医疗团队仍在追赶成功治疗疾病的技术，而不是控制疼痛。由此可见，在医生和护士中仍需要接受更好的关于缓释疼痛的培训，尤其是那些没有在姑息治疗中经过训练的人。

阿片类物质能缓解强烈的疼痛，众所周知的吗啡便是这类物质。姑息治疗护士们说临终患者常因为吗啡特定的社会内涵而拒绝使用吗啡，即使吗啡是生命接近终点时控制疼痛最好的药物。

不幸的是，在一些地方仍存在这样的信仰，认为经历疼痛是高贵的，并有数量惊人的护士持有此种观点。缓释疼痛的现代教育对此是反对的，但遭到他们的无视。这种古老的信仰是建立在一些事情上的——是对于"没有痛苦，就没有收获"理论的一种曲解。斯多葛派的自我否定中仍有这种信仰的残留，有些文化将其升华为一种美德，

而在某些基督徒中这一点是不言而喻的，他们相信，我们所忍受的痛苦与基督为我们所遭受的痛苦相比微不足道，因此疼痛是我们应该忍受的。

在管理得当的姑息治疗中，积极地抑制疼痛在今天被认为是很好的做法。所以默认的做法是连续地进行疼痛缓释，特别是在病人有需求的时候，而不是等待专家来决定是否需要。目标是根本不需要"突破"痛苦。

病人在自己的一生中形成了自己的医疗观，尤其是许多上了年纪的人非常坚忍，他们不喜欢用药，并可能会说："哦不，我还不需要，我还可以再等几个小时。"为临终者工作的护士，可能在其他环境下不只是护士，他们要督促垂死的病人防止疼痛恶化，但这一点并不总是发生。有时这是因为护士很忙，相比有人大喊疼痛，他们需要关注更高优先级的问题。

在老年护理机构，这个问题也存在。这可能是因为护理工作人员在用传统观念来对待传统的人。也许工作人员自己没有接触过或者没有经受过姑息治疗训练。

这种情况常常是因为工作水平低下。现在的澳大利亚政府规定，要应对大量病人的时候，允许服务提供方在一个时间段只让一个注册护士值班。而这个注册护士，常常因工作量超大，无法及时关注所有病人并对其进行疼痛管理。

一名专业的姑息治疗护士绝不会说："你已经在没有任何用止痛药的条件下过了6个小时了。"

然而，少数情况下，会有一些人排斥止痛药，比如实践中的基督教科学家，他们出于宗教原因不信任任何药物干预。

临终治疗充满了个人考虑和个人选择。有时人们也许想要经历一种不被任何药物干预的死亡，以保持头脑清醒，即便这样需要忍受疼痛。如果这是你或你的家人需要的，那么在此之前就请清晰地表达出来。理想状态下，你将与姑息治疗专家合作，后者会用医疗或保持意识的技术与你达成同盟，来达到一个完全无药的但人性化管理的死亡。

有时家人在看见医护人员对临终的亲人不断增加缓释疼痛药物的剂量时，会变得忧虑不安，因为他们自己坚信的是尽量少些外部干预来管理疼痛。如果你是临终的病人，请确保你的家人清楚知道你的意愿，不要让大家去猜你的想法。

如果临终者已经不再能沟通，而家人希望进行姑息疼痛管理，护理工作人员会试图找到病人的需求和家人的愿望之间的平衡点。除非病人已经与他们的替代决策者讨论过，或者在他们的预先照护指示的细节中能找到提示。

关于预先照护指示在本书第二部分会详细讨论。但我此刻要定义两个重要的术语：预先照护指示是一种法律文件，由病人在有行为能力时书写，表达他们关于未来健康和治疗的意愿。虽然在新南威尔士州，仅仅是写下来就具有法律约束力，但有些人认为将律师见证过的正式法律文件放在他们的办公室，比较没有分歧。由此病人经历了一个更充分的咨询过程，这是其优势。比较之下，预立医疗自主计划是通向正式文件的准备阶段。比如说，它可能包括你在养老院或亲戚的帮助下写的便条和记录。

但除了这些理论上的定义外，病人生活中的经验仍是模糊的。医生和医疗人员可以出于医疗的理由推翻病人的意愿，个人在处理预约护理文件方面的经验可能有所不同，有时甚至是天壤之别。

尽管如此——或甚至可能因为如此——在你的预先照护指示中，有必要说明你想要积极的疼痛管理，如果你能胜任的话，可以研究一下这方面的信息。

　　类似于控制生理疼痛的医疗计划等基本细节会因人而异。为临终者工作的医护人员，无论在何种环境下，需要向他们为之工作的那些病人们解释医疗计划的需求。

　　如果你想要遵循你的医疗计划，要在你的症状还没有恶化到需要他人照顾之前先告诉你的家人，你对缓释疼痛是什么态度。你有权要求你的家人知晓你的立场。所以当你无法思考这个问题的时候，问问他们是否能在那个时候介入，帮助你阐明你的立场。

　　这是你需要多次与家人探讨的问题之一，越早越好。

　　作为支持病人的家人，如果你感觉自己无法理解医疗计划或者不知道医护人员正在对你的亲人做什么，你有权向医疗团队询问相关信息，直到你满意为止。

　　如果你垂垂老矣，接近死亡，你可能会同时患有多种疾病——如关节炎和晚期充血性心力衰竭。当生命快结束时，治疗这些疾病的药物将不再需要。而唯一需要的是那些能帮助你管理疼痛和痛苦的药物。

　　但停止某些药物需要由专人来管理，他们应当了解药物本身和突然停止药物会造成的影响。比如，如果你在使用抗抑郁剂，突然停止用药，会不会适得其反，导致其他心理问题复杂化？

　　在理想的情节中，所有这些都应当由你的主治医师事先与你讨论——所以请试着去推动这种谈话，尽可能地成为整个过程的一个积极的参与者。再者，这也许还需要在医生预期之前先建立谈话的氛围。

　　就全世界而言，无论是谁，缓释临终疼痛已被视为一项基本人权，它是世界卫生组织（WHO）的目标。

第五节　吗啡和其他阿片类药物

温馨提示：这不是一本医疗指南，因此关于你的特殊细节，你需要与你的医生进行交流。这一节中我的目标是揭示吗啡这个主题是多么复杂，鼓励你们收集尽可能多的信息，并与他人交谈。

我在此书中关注的是吗啡和其他阿片类物质。因为这些药物普遍应用于临终者。病人离死亡越近，就可能有越多的药物被停止使用，只剩下一种药被使用到最后。其他止痛药的话题就留给你去与你的医生探讨吧。

阿片类药物已经引起了病人、社会和决策者的焦虑，并引发争议——反过来也引起了专业人士的焦虑。

美国国家药物滥用研究所说明道："阿片类物质是罂粟植物自然产生的一种药物。有些阿片类处方药直接采自罂粟植物，其他的则来自科学家们在实验室制作的具有相同化学成分的药品。"

在澳大利亚，通常药方上开的实际上并非吗啡，而是一种合成的阿片类药物，如氧可酮。但多数人在提到此类阿片类药物时更喜欢说吗啡。

阿片类药物是治疗临终疼痛的最重要的药物之一——它们也是最容易引起争议的。主要有三大原因，都与恐惧有关：恐惧之一，当此类药物被推荐使用时，意味着死亡临近；恐惧之二，害怕药物成瘾；恐惧之三，这些药物可能会加速死亡。

人们对待吗啡和阿片类药物的态度因地而异，因医院而异，也因医院的不同科室而异。

简而述之，不同的医院科室不会同等剂量地使用这些药物，因为他们关注的是身体的不同生理系统，比如消化系统、骨骼系统、神经系统、生殖系统。

然而，一个特护团队可能会比其他团队对吗啡和阿片类药物持有更多的信心，因为他们对处理呼吸衰竭和呼吸困难更熟练。特护科室是病人在病情恶化时常常转入的科室。特护科室的工作人员常常会给病人输氧并协助呼吸，且进行复苏抢救，那是他们的常规工作。

吗啡的标准使用剂量一开始会非常小，比如可能每四小时只要 5 毫克。如果剂量需要增加，每次只增加少量。如果病人只需要少量的吗啡，且之前的药方上从未使用过吗啡，那么一开始的剂量会更低得多。

你也许是一名因呼吸衰竭而接近死亡时第一次开始用吗啡的病人，你也可以是一名时不时用吗啡进行疼痛管理的病人。当病人使用过相当长一段时间的吗啡，那么病人的身体已经适应了这种高剂量。如果使用量突然停止或大幅减少，病人会经历撤回症状带来的痛苦，并遭受极度疼痛，这二者都是没有必要让病人承受的。

撤回症状包括坐立不安、流眼泪、流鼻涕、恶心、盗汗和肌肉疼痛。

即便医院有病人自控的吗啡使用机制，却并不普遍用于姑息治疗场景。你完全可以将注意力集中在对你而言更重要的事情上，比如与家人和你爱的人一起度过宝贵的时光，而不是专注于监控你的疼痛程度。

医疗专业人士的目标是使处于临终早期阶段的病人处于无痛和放松状态中。如果你昏昏欲睡，那么可能需要降低吗啡使用量。在这种情况下，你可能无法很好地管理自己，所以需要在临终前与你的家人和陪伴者讨论，这样他们才能与姑息治疗团队沟通。

吗啡的功效通过大脑中的一组复杂的受体传输，这组受体一般对身体的缩氨酸起作用，以胺多酚而著称。除了止痛，这些药物也能使人产生睡意和分离感。而其他阿片类药物，如哌替啶，能使人兴奋。

悉尼的圣心健康服务中心主任理查德副教授说道，在死亡过程中，即便没有吗啡的介入，睡意本身也在不断增长。但吗啡对睡眠的影响值得探讨。

"对病人而言，我说，'是的，吗啡会使你更困，但没有吗啡，疼痛会将你唤醒。'"

"疼痛是一种非常强烈的刺激，将人们唤醒并夺走他们的睡眠。当疼痛减少，病人才可以在困意袭来时抓住睡眠。而有些人误解为是药物导致了睡眠。"他说道。

许多人担心吗啡的使用会使临终者致瘾。但这是一种长期使用才会有的风险，而鉴于临终者的情形并没有机会长期使用吗啡，而且如果用来缓解疼痛了，就不会发生吗啡上瘾。

吗啡上瘾是人类大脑耍的一种花招。

"吗啡的目标是止痛，在一些经历着疼痛困扰的人身上，疼痛抵消了上瘾的影响。但如果没有疼痛，吗啡的目标就是大脑。如果我们在没有疼痛时使用吗啡，那么，是的，我们会上瘾，因为我们并不将它用于止痛。"理查德博士说道。

对阿片类药物上瘾的这种担忧是可以理解的，并且这种观点从医院蔓延到了公众领域，尤其是当人们担心阿片类药物供过于求或太易获得时。如2018年11月，《悉尼先驱晨报》赫然刊登了一篇名为《它们不是棒棒糖：反思阿片类药物》的文章。

文章的第一段写道："医院病床上对阿片类药物的过度使用正在将病人置于终生上瘾的风险中。药剂师提醒，超过70%的医院对病人供应小包药丸带回家以防万一。"

过于容易获得阿片类药物的确是一种威胁。但不幸的是，作为这些讨论的一个结果，临终者常发现他们获得这些药物的条件更加受限，即便他们已经没有漫长的余生来受到上瘾的影响。因此不同处境中的不同社会需求产生了冲突。

从今天的视角来看，我们很容易认为吗啡以及它的合成等价物总是受管制的，很难获取。但在历史上，事实远非如此。

吗啡的使用在乔治王朝时期的英国非常盛行，那时中产阶级正在崛起，开始购买消费品。那时的画作常常在前景中突出奇装异服的女性，而在背景中则出现今天我们描述为"毒品贩子"的人物。

数个世纪之前，意大利威尼斯城邦的来访者常发现那个地方有一种疯狂的、非自然的能量。这是因为许多城市居民在早晨使用了大量的咖啡，而在下午又使用了大量的吗啡。

在公元前4000年时，人们就开始使用鸦片。它通常被制作成二氧化钍——一种古老的希腊药物，用于治疗所有野生动物（包括疯狗）的袭击和咬伤。二氧化钍的液体黏性来自蜂蜜。耶稣诞生时，它的制作配方更加精炼。它的配料丰富而富于变化，但死去的毒蛇和鸦片是必备的配料。古人认为蛇类是活性成分，但内行的人一定知道，没有鸦片，蛇是起不了什么作用的。

在欧洲中世纪，二氧化钍很受欢迎，因为人们相信它可以避开瘟疫。虽然这种想法是徒劳的，但它所唤起的希望会弱化所有失望的情绪。威尼斯毗邻土耳其的大片罂粟田，它的鸦片就是从这里榨取的，且有效地垄断了底也迦的生产，因此这种混合物被称为"威尼斯糖浆"。直至 18 世纪，底也迦才被弃用。

那时鸦片酊出现了。它是由 10% 的鸦片粉融于酒精制成的。它成为一种普遍使用的药品，施用于所有的病、所有的人，包括孩童。

那时，坚持殖民主张的英国人，控制了在印度种植的大部分鸦片，并用于与中国进行贸易，以换取茶叶、瓷器等日用品。这种贸易对中国社会造成了极大的损害，中国人试图禁止此类贸易，由此导致了中英之间的两次鸦片战争。

直到 18 世纪中期的英国，鸦片仍可在街角杂货店的柜台和全国市场上购买。格鲁吉亚英格兰成为上层鸦片成瘾者的无意识游走之地，这里有律师、政客和商人等尊贵人士。诗人们公开使用鸦片帮助自己获得灵感，有些人在他们的作品中进行过描述。鸦片在各阶层中广泛使用，甚至许多农场工人也是在鸦片笼罩的昏沉中开工。

在 19 世纪 60 年代晚期，越来越多的人意识到鸦片过量使用会导致死亡，尤其对于孩子和老人。英国人对鸦片使用剂量实行了标准化。但这种标准化无关乎对鸦片成瘾的担忧。

在 19 世纪 60 年代之前，英国人从未对鸦片成瘾产生过忧虑。在 19 世纪晚期，当英国的政治家们开始意识到鸦片的社会价值，英格兰及大不列颠的其余领地开始对数个世纪以来的公民自由使用鸦片的社会习气进行管控。

英国人对鸦片市场的支配使得他们在创建现代药物许可证制度方面成为"领头羊"，并继续对吗啡进行改进、开发和创新，引导了今天的吗啡药品的发展。许多关键的吗啡贸易许可证仍掌握在英国制药公司手中。

在北美，美国革命时期英国军队对鸦片实行自由供给，用于缓解疼痛。后来，美国内战时期军队开始自由分发鸦片。内战时期对鸦片还未上瘾的士兵们在战后也成为瘾君子。一名上瘾的美国历史学家大卫·科瑞描述了鸦片是如何频繁用于"疼痛管理和睡眠问题"的。那时没有其他的止痛方法，人们对于病理也不甚了解。被视为灵丹妙药的吗啡常常因各种理由被医生开在处方里。

在科瑞的作品中，医生的位置很突出，他们开出的药方成为病人们持续上瘾的源头。鸦片上瘾在白人中比黑人要严重，因为黑人很少有渠道获取专业医疗资源。他说，黑人选择的药品是可卡因，这种药常常介绍给装卸工人，帮助他们进行长时间劳作。

美国内战后，许多受过伤的年轻士兵对鸦片上瘾了。因此，他们的女性家属也成为瘾君子。尤其是在南方的士兵，他们及家人的伤亡率比北方的对手更高。在人们对鸦片上瘾的原理了解甚少的时候，又有许多女性因悲伤过度而服用鸦片。

社会压力在日益严重的阿片类药物成瘾问题中也起到了推波助澜的作用。随着奴隶贸易的取消，一夜之间，投资于奴隶贸易的资金全然撤去，劳动力市场垮塌，导致了严重的经济衰退。许多在经济衰退困境中的人开始向鸦片寻求逃避。

直到现在，鸦片在美国的流通是通过医生管理的，医生通过开处方和售药以保持鸦片的使用。制药公司已成为拥有高额利润的大企业。

19 世纪结束时，皮下注射器针头的临床应用为麻醉剂的摄入提供了便利，这导致了更多的人鸦片成瘾。

《哈里森毒品税法案》于 1914 年出台，用于规范这些药物的销售和分配。1919 年这一法案的实施意味着因医生用药而导致的鸦片成瘾行为不再合法，所以当医生不再向他们的病人任意提供麻醉剂时，瘾君子们转向了一个日益壮大的黑市。

1924 年，几个自治市创建了毒品诊所以缓解这种压力，但直到现在，鸦片黑市里人群仍络绎不绝。

在今天的澳大利亚，羟考酮比吗啡更常用，因为在我们的药物许可证制度下，没有更多的机会获得吗啡。

可以理解的是，像海洛因这样的街头毒品会让人们对吗啡产生恐惧和困惑。一名在英国培训的姑息治疗专家说道，她在澳大利亚开处方时从不使用"吗啡"这个词，即使她开出的氧可酮是来自与吗啡同一药物家族。

"具有讽刺意味的是，氧可酮在病人中更受欢迎是因为它的名字与吗啡的内涵不一样。——即便它的药物原理是一样的，且药效是吗啡的两倍，而几乎有同样的副作用。"她说道。

如果一个病人在他的医生指导下开始使用氧可酮，姑息治疗团队通常会延续使用，仅仅因为这是病人习惯使用的药物。如果在临终阶段引入阿片类药品的使用，通常会倾向于使用吗啡，过早使用吗啡会引起病人和他们的家人的恐惧，他们常常害怕这个词的出现意味着他们即将死去。

像许多其他的姑息治疗专家一样，Chye 博士常听到这种担忧。他向对此担忧的病人及家属解释道："我有一些病人使用了很多的吗啡，但他们可以继续活两三年。"

阿片类药物可以通过各种途径传播。比如，作为一种口服液。那些因阿片类药物引起的严重便秘的人可以用泻药来治疗。注射吗啡比口服吗啡更高效。它可以通过皮下注射、静脉注射和肌内注射。此外，它还可以通过输液来完成。

吗啡的副作用通常包括便秘、恶心、瘙痒、头晕、嗜睡和倦怠。如果出现了任何一种上述症状，医生通常会减低吗啡的剂量。注意后两种是呼吸受到抑制产生的副作用，这往往是医生所关注的重点。

但嗜睡、倦怠和无反应性是临终者的常有特征，有时陪伴者会感到疑惑，认为是阿片类药物导致的这些症状，而实际上，这些症状只是临终这一阶段的病理特征。

当死亡临近的时候，最后一剂吗啡或氧可酮就会被使用。有时那些临终陪伴者回想起这最后一剂的时候，会认为是它们导致了死亡，其实这只是一个巧合。这种情况下，最后一剂吗啡会引起一些医疗人士的焦虑，因为他们担心会被其他专业人士或者某些因痛苦而情绪失控的家庭指控是自己造成了死亡。这种恐惧来自于他们受到的教育、生活经验以及关于滥用吗啡或其他药物导致死亡的媒体报道。

英国麻醉师菲尔·琼斯博士认为，澳大利亚和包括美国在内的许多其他国家的立法者，对麻醉剂尤其是吗啡的药效、副作用和潜在的成瘾性有着过度焦虑，其实这种麻醉剂在英国普遍使用。

"这些药物被严格限制使用，对那些深受癌症晚期疼痛的病人显然是不人道的。"他说。

这是他正在热情投入的一个医疗项目，不仅仅是因为他的加拿大裔的第一任妻子享受了皮下海洛因注射（家庭操作）的无痛死亡的福利。

他感觉，在英国，是犯罪行业，而并非医疗用品的盗窃，增加了这种成瘾性药品的供给。

"无论在医疗上以何种方式改变阿片类药物的供应，都不太可能影响非法交易。"琼斯博士说道。"如果你想获得海洛因，你只需要站在街边角落里吹口哨就行了。"

作为生命终点的某个特定时刻，当疼痛的程度可能增加时，医护人员将根据需要来判断是否提升吗啡的剂量。医生会在病人的医疗计划中写上"PRN"，它是拉丁文 *pro re natad* 的缩写，意思是在护理人员的酌情裁量下用药。这样在病人因越来越接近死亡而导致疼痛的程度缓慢增加时，护理人员可以根据需要调节剂量，而不必让医生频繁开方。

从阿片类药物的施用到患者感觉到效果的时间间隔，通常是半个小时。最理想的状态是，施用方式能够避免这种间隔，药效的传递与药物的施用无缝衔接，尤其对那些患有呼吸窘迫的人。

第六节　最后一剂真的导致了死亡吗？

临终者常常谈论起他们的恐惧，并非对死亡的恐惧，而是对在临死前要忍受的痛苦深怀恐惧。好的姑息治疗包括使病人及其陪伴者确信，当他们有需求时，会使用缓释疼痛的疗法，尤其是对那些说过缓释疼痛是他们的最高诉求的病人。

如上述，有些垂死的病人，会选择尽量少用阿片类药物，因为他们希望在意识清醒的状态中死去，这与他们的精神哲学观是一致的。这些病人通常学过冥想或瑜伽之类的应对疼痛的方法。

有些病人会要求尽可能多地进行疼痛疏解，他们对吗啡的需求可能会随着死亡的临近而提升。如果是这样，他们的健康专家会确保阿片类药物的剂量适量递增，而不是陡然加大，因为后者会有致命的危险。

但，这种药物有没有达到致命性的一个节点？

苏米的父亲死于悉尼的一家私人医院，她认为是吗啡的剂量增长加速了父亲的死亡。

"他生命的最后一天，医院打电话给我说：'他昨晚糟糕透了，你最好来一趟。'"

"当我赶到那儿时，他看上去像是在一辆特快专列上。他的声音听起来就像他房间里有一台巨大的机器。他仅存一个肺，里面充满了液体，他正在努力应付。他无法将液体排出体外，像是要溺水了。"

"护士一直在给他使用吗啡。她告诉我，'我们没有按每四小时一次的频率，我们现在所处的阶段是，可以根据需要进行调整。'"

"片刻之后，她和一名年轻的护士相继进来，后者手上拿着吗啡，她看着另一名护士，然后又回头看我父亲，说道，'我现在要使用阈剂量了'。"

苏米认为"阈剂量"这个词的使用是很谨慎的："通过她的用词，她对词汇的选择，通过与她的目光接触，我感觉她好像在说：'我们会帮助他，我会一直帮助他。'而其他人在那儿作为见证人。"

不到四小时之后，苏米的父亲去世了。这一天，苏米确信她的父亲是在护士的帮助下去世的，她很感激。

听过这个故事的姑息治疗专家认为，苏米误解了她所经历的事情。一名姑息治疗教授提供了一种可能性的解释："很有可能苏米曲解了这个事件，吗啡的使用与她父亲的死亡实际上只是一个巧合。"

"人们对临终者的最后时刻越来越关注。常常有人感到悔恨，'如果我没有要求给父亲使用最后一剂吗啡，他也许还活着'。"她说道。

"这是关于死亡的情绪化和敏感性的表现，人们会对在最后一分钟所做的其他事情焦虑地进行反思——比如，'如果我没有挪开枕头就好了'。"

其他专家也同样强调吗啡的使用并非是像苏米想象的那样，加速了死亡。

"如果吗啡加速了一个人的死亡，要么是因为施用吗啡的人有意这样去做，要么因为他们不是这个岗位的胜任者，错误地使用了剂量。如果根据病人的状况正确使用吗啡是不会加速死亡的。"一名专家这样说道。

另一名专家说："我们的许多病人，在临近死亡时，已经使用过一段时间的阿片类药物了，就像许多其他药物一样，你的身体会在系统内自动调节去适应它。因此，如果要使死亡变得更容易，我们需要大幅增加剂量。过度的剂量，以及减慢的呼吸系统，才是唯一真正可能加速死亡的原因，然而你并没有看到这些情况发生。"

"我们也对使用吗啡和加速死亡的概念做了区分。使用吗啡不是为了加速死亡。对我而言，无论我们对病人做任何干预都会有一个清晰的目标，那就是要使病人受益。"

医护人员了解在使用阿片类药物时有抑制呼吸的风险。但有更多类似苏米的人分享了在临终之际使用常规剂量的吗啡然后在数小时内发生死亡的故事。所以这种有冲突性的故事看似很迷惑，它们到底只是讲述者的角度问题，还是真实发生的事实呢？

与专业人士关于"你并没看到这种情况发生"的表达相反，少数医护人员认为使用特殊剂量的吗啡在加速死亡上起了推波助澜的作用。

维多利亚议会关于临终情况的调查作了"辅助死亡已经在维多利亚发生，无论是否合法"的最终报告。但我们没有理由相信，在这个国家的其他地方不存在同样的情况。

这反映了几项研究结果，包括2014年对13名医生的一项采访，这些医生承认并讨论了关于在澳大利亚加速死亡的非正式的临床实践。同样，2003年在新西兰全科医师中做的一项调查中发现"39名受访者提供了某些形式的物理助推死亡，226名受访者在某种程度上采取了明确的行动帮助临终者完成加速死亡的意愿"。

据维多利亚助推死亡立法的一位著名支持者说，这种"点头和眨眼"的处理方式常常发生，它意味着我们的社会有时可以非诚实地对待死亡是如何发生的。

这种模糊的、不明确的方式导致了痛苦。

在一个典型的案例中，我采访过的一位女士认为，她和她的兄弟姐妹被剥夺了与母亲告别的机会，因为她不知道母亲被施与了有可能致命的剂量的吗啡。她说的只是一个巧合还是确有其事？

在另外一个例子中，一位女士花了整整三周的时间，在一家老年护理机构，陪在母亲床边，在当班的护士说可能是最后一针的提示下，亲眼看见医护人员给母亲注射吗啡，但她仍没有意识到护士的话的含义，她去了趟餐厅喝了杯咖啡。直到今天，她仍在为错过了母亲去世的那一刻而悲痛欲绝。

是的，总是会有"最后一剂"的存在，而且不到死亡真正发生，我们无法知道那就是最后一剂。在这个例子中，看似最后一剂导致了死亡，而事实并非如此。但这一点在专业人士和普罗大众之间存在着认知的鸿沟。

围绕这个问题的紧张气氛比比皆是。

在最近一次关于姑息治疗与安乐死的讨论中，观众中有人说，她的亲人的死亡是被医院过量使用吗啡推动的，主讲人听到后开始变得恼怒。

"谁说的？"她需要知道。但观众席中的女士没有做好准备站出来说。

"我发现那真的很令人挫败。"主讲人说道。

有时那只是巧合，因为病人如此临近死亡，但有时递增的剂量的确使病人陷入一种稍稍更严重的呼吸衰竭的状态，这是完全不同的。它看似很迷惑而且互相矛盾。一方面，专业人士认为这不会发生；另一方面，家人说他们曾经历过这些。那么最后一剂真的导致了死亡吗？也许有可能，但并非有意的行为？

避免悲痛和误解的关键在于良好的沟通，一名不在姑息治疗团队工作但习惯了在他所工作的医院使用吗啡的内科医师这样认为。他说道："我认为我们只需要再加一句话：'我想让你的父亲感觉更舒服些'——或者别的任何人感觉更舒服些——'我们将要提升吗啡的剂量，但他或她会有死亡的可能性，尽管这并非我们想看到的。别回家。叫上家人都进来'。"

"但医生们很少说这些，因为他们也很害怕，害怕这是非法的。事实上，在那种情况下使用吗啡或说明可能的情况并非违法行为。"

面对这些问题时，只要所给的剂量是成比例递增的，而不是突然增加的，医疗专业人士和病人家属对于吗啡剂量的决定是受到双重效应的支持的。

这种伦理观最初形成于13世纪，那时人们全靠鸦片、大麻和酒精等最普遍的精神药物缓解疼痛，与这些东西一起最常见的改变大脑思维的药物，还有诸如红牛胆、尿或活蜗牛之类的东西。

双效原则认为，即使死亡是由药物引起的，疼痛仍然需要缓解，因为缓解痛苦的初衷是好的，即使产生了坏的结果。权衡利弊，也是好的影响大于坏的影响。

美国学者蒂莫西·奎尔是这么说的：

> ➤ 实施吗啡的行为意图必须是良好的，至少在道德上是中性的。
>
> ➤ 实施结果必须是期待的效果，而不是"恶"的结果（可能是"预见的"，但不是故意的）。
>
> ➤ "恶"的结果不应该是达到"善"的目的的手段。

➤ 必须有一个正确的理由来冒这个险。

随着时间的推移，双重效应原则的初衷逐渐改变，今天，在医院和家庭护理环境中，这一原则有时被用来限制吗啡的使用。人们并没有在痛苦的病人需要吗啡的时候加速给药，而是减慢了给药的速度。我最近听说了一个例子，是一名医生和他母亲的故事。他的母亲在一家大医院忍受了持续数周的严重疼痛后缓缓死去。如果在城市的另一端，他所在的医院和他的病人身上，他绝不允许发生这种事情。但他对自己的母亲却无能为力。

如果一个人因为害怕导致死亡，而没有得到足够的吗啡来控制疼痛，那么这个原则就被误用了。

医护人员绝不会做任何蓄意谋杀生命的事。他们也有义务帮助患者减轻不必要的疼痛和痛苦。如果吗啡是持续按常规剂量使用的——例如，临近死亡时每四小时注射一次以缓解癌症疼痛——那么医护人员有义务继续这个进程。

也可能在一种情况下，随着病人疼痛程度的增加，他们被赋予了增加剂量的自由裁量权，病人离死亡越近，这种情况会发生的可能性越大。

在这种情况下，因为可能会导致死亡而停止疼痛缓释手段或降低疼痛缓释的剂量是没有意义的。首先，停止止痛自身有可能导致死亡；其次，病人会在疼痛中死去，这对病人而言是一种不必要的——且残忍的——额外负担，也是对优质医疗原则的公然违背。

通常在一个充满信心的姑息治疗团队中，在严格的监督下，吗啡是被精确使用的。社区也会有这样的设置，那里的家庭直接在姑息治疗团队的监督下，学会如何使用吗啡来控制死亡前最后几天的疼痛。

因此，医护人员与病人及其家属关于最后阶段如何使用吗啡的讨论是开放的。

但关于阿片类药物的使用，仍然存在许多令人困惑和缺乏公开性的情况。

当理论知识和实际操作之间的所有差距都得以解决，大众经历死亡的方式将会得到改善，其家人的体验感也将得到提升。

最好的姑息治疗团队会鼓励对临终治疗和阿片类药物的讨论。他们会告诉病人家属，多少剂量会有助于实现无痛和无忧虑的死亡。这种更直白的讨论是当今姑息治疗教育的重大转变。

一些医疗专业人士担心这种主题的讨论会增加陪伴者的担忧。但避而不谈更会导致恐惧和误解。让我们期待自己在进入生命最后阶段前能够拥有勇气与我们的主治医生讨论这些话题。

第七节　姑息镇静和终末期镇静

在某些情况下，当病人的疼痛无法控制时，医疗工作人员会施用某种程度的镇静剂，使病人失去清醒意识，这样他们便不会感觉到正在经历疼痛，直到死亡。这种疗法被称为终末期镇静疗法或者姑息镇静疗法，取决于二者细微的差别。这两个词被越来越多地在不同的地方使用。"终末期镇静"被用于描述一种不施饮食的镇静状态，在病人仍能消化食物和水时就开始施用高剂量的镇静剂。而"姑息镇静"恰恰相反，它是在当病人无法再进行饮食，且不能再从饮食中受益时，使用大量的镇静剂。这可能在更短的时间内接近生命的终点。

无论使用何种词汇，这种类型的镇静作用并非经常使用的一种策略。

那些赞成安乐死合法化的人认为，最后的镇静只是一种偷懒的安乐死。他们说，这是一种扭曲的同情心，只会延长死亡和痛苦，它在技术上允许那些实践它的人达到了对病人实施安乐死的效果，但在法律上是正确的。

最近几项评估姑息性镇静直至死亡的研究表明，在这些病例中，镇静并没有加速患者的死亡；相反，它只是使病人在死亡过程中失去意识。

但这种讨论完全取决于描述的内容所涉及的药物。甚至在专业研究中和专家中，也存在着因缺乏标准定义而产生的对一些专业术语的分歧。因此该领域的一名学术带头人认为"姑息镇静"这个词应被彻底抛弃，而改为"持续深度镇静"。

姑息治疗团队会尽一切所能避免使用这种形式的镇静疗法，并倾向于寻找针对病人的疼痛或躁动的一种解决办法。一名姑息治疗专家说她不喜欢姑息镇静是因为，对于家属而言，它看似是在对病人实施安乐死，而无论在此之前你如何认真地解释这只是为了缓解疼痛，不会因此而加速死亡。

如果为你所陪伴的病人所服务的姑息治疗团队有良好的信誉和适当的资历，并且他们推荐持续深度镇静疗法，相信他们对此已深思熟虑，并真的可能会达到减轻病人痛苦的效果。如果他们建议采取这样的行动，你可以自由地问："这会加速死亡吗？"或者"这合法吗？"因为他们也希望被问及这些问题。

第八节　安乐死，或者协助死亡？

关于安乐死（又称为协助死亡）有一个很大的讨论。在本节中，我将探讨一些主要的相关话题，并做出一些暂时的结论。

在澳大利亚，安乐死——有意地结束生命——是非法的，除了维多利亚州，它于 2017 年引进了《自愿协助死亡法》，无论对安乐死持什么立场，大多数人都有强烈的道德、伦理和社会信仰，反对夺取生命。人类对于安乐死也存在很多的疑惑。

根据在线牛津字典，安乐死即"无痛杀害患有不治之症和痛苦的疾病或处于不可逆昏迷状态的病人"。

有些字典中提供了更多的解释："在协助死亡中，通过实施这种行为，病人完全掌控整个过程，不涉及其他人，虽然有些其他人可能对如何实施这种行为提供帮助。"

这仍然是非法的。

社会对于安乐死和协助死亡的态度正在改变，有些调查发现，至少 70% 的澳大利亚人支持这种做法。然而，他们对实际上如何支持还无法清晰定义。

除了不可思议的疼痛和失控，渴望尊严和独立也是对安乐死有需求的理由之一。

如果不是因为绝症实施安乐死，那么公共支持率就会下降。南十字星大学的荣誉教授科琳·卡特赖特说道。在一份这类民意调查的详细分析报告（2017.5.1）中有这样的问题："会有80%的澳大利亚人和70%的天主教徒和圣公会教徒支持安乐死立法吗？"

如果问题从身体上的痛苦转变为精神和情感上的痛苦，支持率便下降至仅36%。同样地，卡特赖特教授发现，"公共支持率是否会大幅降低，取决于如何提问，以怎样的方式进行民意调查，以及谁去做这项调查"。

2017年在对维多利亚法律进行修改之前，《时代报》发表社论称，支持为医助自杀进行立法。该文暗指我在前面讨论过的在临终时开药方的目的含混不清，缺乏开放性，论述如下：

绝大部分人都认为要对普遍而秘密地发生的事情进行监管，并让富有同情心的医护人员和家庭成员承担风险，因为是他们同意了这些人选择死亡的方式和时间。

悉尼圣文森医院的约翰·普伦基特中心的伯纳黛特·托宾博士是一名天主教伦理学家。她反对安乐死，认为资源更充足的姑息治疗将会降低安乐死合法化的受欢迎程度。

"安乐死这个词是为了对人们进行劝说而发明的。按字面上的意思，'eu'就是'良好的'，而'thanatos'表示死的愿望。因此我认为我们可以从字面上说安乐死就是良好的顺利的死亡。"

"我们都赞同让病人在良好的感觉中死亡。谁会反对呢？但良好的死亡也因人而异。对你而言良好的死亡，与对我而言良好的死亡可能有着天壤之别。但也许它们存在一些共同点——比如，很可能我们都希望远离疼痛。"

"人们现在没有理由不拥有一个良好的死亡，如果他们得到合适的药物和姑息治疗，并从中获益。而关于什么是合适和如何获得，存在许多问题——实际上，目前我们国家在获得姑息治疗上存在很严重的问题。"

"我们需要做的不是任何法律上的改变，而是对人们的培训，实现观念的改变和关注重点的改变。"

"我认为对良好死亡的渴望是完全能理解的。这是一个体面的社会应该做的事情，而且可以做到。也就是说，最大的挑战在于为穷人、弱者、社会关系一般以及居住偏远的人们提供良好的临终医疗服务。"她说。

据托宾博士说，普通的澳大利亚人不太理解为何法律允许积极的干预来控制疼痛和减轻死亡的痛苦。

比如，提供姑息镇静以保证病人在生命最后阶段的有效睡眠是合法的。为病人施用有效剂量的吗啡，即使有着加速死亡的副作用，也是合法的。对任何旨在延长生命的治疗，如肾透析或在心脏病发作后使用除颤器使心脏恢复正常节律，说"不"也是合法的。

一些人谈论过眼看着他们爱着的人在极度缺乏镇静药品的状态中慢慢死去的悲惨经历，但如果换一种不同的管理策略，将能够使病人减少疼痛和折磨。

一名姑息治疗专家说，他所在的临终关怀中心，可以确保几乎他所有的病人，都可以享受高水平的减轻疼痛的药物治疗。基于对这一点的了解，他会告诉他垂死的病人："有一天，你会睡去，不再醒来，然后你会在睡眠中平静地去世，99% 的情况都是这样的。""这种对话令病人觉得舒适——他们将不会经历一个剧烈的、刺激的死亡。"

Chye 博士确信圣心临终关怀中心能够为大多数人提供高水平的有效缓痛治疗："我会告诉病人，你将体验不到痛的感觉，但取而代之的是，你将陷入昏睡不醒。这一点稍微有别于病人的家属将看到的情况。但这是我们能够为临终者所做的。"

这种情况与宗教医院、老年护理机构或其他地方的病人情形形成对比——在那些地方，病人非常痛苦。

一位女士描述了她因家人没能在药物的帮助下舒缓地死去而忍受的痛苦。无论出于什么原因，那都不应当作为选择项。

她说这就是她现在信任安乐死的原因。但她的家人是托宾博士提及的那些人其中之一，他们住在远离大城市的地方，很难获得良好的姑息治疗。高品质的姑息治疗会改变她对家人实施安乐死的愿望吗？她所希望家人面对的死亡能够在良好的姑息治疗环境中获得。

许多人惊奇地发现拒绝治疗是合法的，即使采用这种方式后你会死去，并且还有感染的情况。有时肺炎是在生命结束时发生的。此时将通常用于治疗肺炎的抗生素停止使用在伦理上是可以接受的，因为如果使用抗生素，感染也许会停止，但痛苦会延长，而生命并不会恢复。

维多利亚辩论中的争议导致了 2017 年的有利于安乐死的改革，辩论的焦点往往集中在疼痛的问题上。我和一位自愿协助死亡法案的热心倡导者进行了激烈的讨论。他估计在澳大利亚大概每年有 3000 ～ 4000 人经历了没有必要的、可怕的、痛苦的死亡。

"这也许只是一个小数目，但他们不是泛泛之辈，他们正在经历可怕的死亡，没有什么可以帮助他们。"他说。

因为安乐死的批评者经常提出将安乐死合法化将打开"潘多拉盒子"，在那些人当中，可以获得安乐死的实际人数也会少得可怜。

与那些成功申请协助死亡的人相比，那些行使协助死亡法定权利的人比例很低，这一点很重要。

"我们还发现一个令人信服的事实，当每个人都有选择权的时候，立刻就会受益，因为它减少了恐惧和焦虑，最后那些人并未执行那种选择。"《时代报》在其支持 2017 年维多利亚法案的社论中这样说道。

一些批评者认为，协助死亡使这些社会离纳粹德国奉行的优生学政策更近了一步，另一些人认为，这场辩论的问题不在于国家，而在于人，与家庭关系更近的家人。

理论上，家庭是社会的第一个单位，用来保护并照顾我们。但这是汉蒙德护理公司反对协助死亡的首要理由，一家专门提供姑息治疗服务的老年护理机构认为，立法顾问"无法察觉关起门来的心理高压"。

"保障措施无法察觉来自家庭成员和其他相关利益者的心理压力。老年人等弱势群体的情况尤其令人担忧，超过十分之一的老年人每年都经历过心理虐待。"

我们最近的历史表明，家庭往往是儿童性虐待、家庭暴力、虐待老人和其他形式的严重失调行为的核心。也许这意味着我们还不能够说，所有的家庭都会做出客观的判断，以保护弱者的需要。

姑息治疗照护者曾观察到一种"糟糕的死亡"，在某种情况下，家庭的议程是希望父母或亲属死去，这样他们就能继承资产。这听起来可能有点不可思议，一名护士亲眼看见孩子们把珠宝从垂死的母亲身上摘下来，而不是为她提供任何救援物品。我们不知道这位母亲做了什么，竟让她的孩子做出如此无情的行为。护士长对这家人的态度感到震惊，她怀疑他们的态度是因欲望而驱使。

凯特·怀特不相信我们的医疗体制，她认为目前所有潜在的医疗错误和处理失当，都说明为协助死亡立法是必要的："我的意思是，我们说做决定，尤其是老年人，我们说他们有自主权，但实际上并没有。

即使是现在，他们的决定也很容易被影响。"

她认为安乐死的提倡者假设那些希望得到协助死亡的人总是能够独立做出选择，而事实上，他们可能对决策过程并没有全然的掌控权。

围绕着我们是否应该为协助死亡立法的辩论仍在继续。无论辩论结果如何，讨论都是一件好事，因为它意味着我们能够对真实发生的事情，而不是对我们想象的事情，做出更好的理解。我还想说，这种额外的反思使我们朝着说出自己临终时想要什么更近了一步，由此也向获得更好的死亡更进了一步。

某人临终时，陪伴者将看到什么？

第四章

我们了解了死亡是什么样的，以便我们能够面对我们所爱之人的死亡，而无须害怕自己对此一无所知。

全程陪伴临终者直到最后一刻，有助于对我们将看到的场景提高认知。这意味着你不会过于害怕；反之，你能为临终者提供更多的支持。

事实上，仅仅因为你待在那里而使生命变得更好的时刻并不是临终者生命的最后时刻。而是那个时刻之前，当病人开始他们的孤独旅程的时候。那是一段可以维持数周，或许数日，或许只有几个小时的旅程，只有当呼吸停止时，你才能确定这段旅程已经结束。

即使这是一段他们独自行走的旅程，你也可以成为一个安慰的存在。

对于绝症患者，当死亡开始积极行动时，就有了一个起点。有些人将其描述为"前兆阶段"。

临终者的注意力最终会转移到自己身上，因为他们变得越来越弱，仅仅为了度过每一天就需要聚集所有的力量。这种转变不只是身体上的，也包括心理上的，因为没有其他人能陪伴他们走完这段即将启程的孤独旅程。

凯特·怀特讲述了一个故事，解释这一点。

"我们正在照顾一个同事，她很有趣，在医院里过得很愉快。"她说道，"当她快要死去时，来到了我们医院，并接受我们的照顾。她的小外甥为她在墙上挂了各种画，我记得我走来，看着这些孩子们画的画。"

"有一天她的外甥看到了我所没看到的，这惊到我了。我的朋友常常面对着门。如果她不叫你进来说笑话、聊天或讲故事，你永远过不了走廊。"

"但现在她转向窗户，背对着门，她的外甥用充满童趣的方式画下了这个姿势。这个姿势其实反映了她正在抽离。我记得自己只是站在那儿，看着那幅画，看着她，思考着，'你正在从我们之中抽离，你正在以比我们、比你的家人以及你意识到的身边所有人更快的速度前行'。"

她通向死亡的旅程开始了，而她正在与周围的一切抽离。

没有两个人会以一模一样的方式经历死亡。但有一些经历是共通的，不是所有人都会在同样的过程中有同样的症状和体征，即使他们死于同一种病症。而某些症状和体征则完全不会出现。

症状是病人感觉到的东西，而体征是其他人可以观察到的身体变化。幸运的是，许多身体体征显示死亡正在临近时，临终者自己并未注意到。

一些人会持续数周缓慢地度过这个阶段，而另一些人只需花几个小时。当护理人员照顾一名临终者时，会尽其所能帮助病人的家属知晓死亡何时临近，但这一点并非总是能做到。当病人停止进食，死亡将于数周内发生。但我们需要记住，病人并非死于缺乏食物，而是他们潜在的疾病和消化过程减慢了，因此营养无法再被吸收。

第一节　最终阶段，陪伴者将看到什么？

以下是临终者有可能经历的身体体征，但要记住并不是所有的人都会经历。它们也并非按照特定的顺序发生。

即使记录这样一个列表是有风险的，它所提出的问题比它所能回答的问题要多。但我还是愿意开这个头。很有可能，你的亲身经历将与你在这里所看到的不一样，因此请将它视为总纲，而不是细则。这样做是为了帮助你理解可能会发生的事情，从而减少对那些非常罕见或不太可能发生的事情产生恐惧。如果你对这个列表有任何疑问，请向你信任的医疗专家去请教。

嗜睡

当死亡临近，临终者会越来越多地陷入沉睡。这是死亡的常规部分。他们可能看似失去意识，但有时会清醒。当病人清醒时可能有短暂的沟通时间。

临终幻觉

人们在生命最后阶段拥有"幻觉"并不奇怪。他们可能还会谈论从未发生过的事情。这些是幻觉吗？一些姑息治疗专家说未必。如上所述，临终者有时说话会富含隐喻。人们在生命的最后阶段会绘声绘色地回忆他们遥远的过去，这种情况经常发生，许多姑息治疗专家认为，临终者经常会看见在他们生命中先他们而去的非常重要的人物。

人们有时担忧临终幻觉是因阿片类药物导致的。但其实大多数临终愿景并非因药物产生。但如果你听见临终者像是处在幻觉中说话，请坐下来倾听，这也许很难，却是你可以做得最好的事情之一。很有可能临终者发现他们的愿景令人欣慰，但总的来说似乎并非如此。

沟通的变化

当病人越来越多地处于睡眠状态时，和外界的交流会越来越少。现在人们认为当病人处于无意识状态时，仍然是听得见的。因此，医疗专业人士会继续对无意识的临终者说话，并鼓励病人家属同样如此去做。对那些有意识的病人，随着身体越来越弱，其说话的能力会下降，谈话会变得困难。但是，一个多日不曾说话的人会在去世前不久偶尔能有一段短暂的谈话期。

眼睛的变化

如果一个人由于无意识而失明，他的眼神可能会显得呆滞，即便他的眼睛是睁开的。在完全丧失意识之前，人的眼睛也会停止注视。眨眼反射也可能在人失去意识之前消失，即使眼睛仍是睁开的。眼睑可能看上去是半开的，眼皮是沉重的。

意识混乱

意识混乱有多种原因。意识混乱的原因应当仔细调查，因为有的原因与临终者无关，是可以被管理的。意识混乱有时是因大脑缺氧，大脑与其他器官一样功能衰竭。但因便秘或尿路感染而导致的意识混乱，在生命最后阶段，是可以解决的吗？

意识混乱也是一种语言吗？考虑到临终者有可能在谈论象征性的事物或使用隐喻，他们是否在试图表达某种隐晦的意思？如果是这样的话，仍然请你倾听，不用期待能够理解临终者的话，倾听本身就是一种支持。

轻微的不安

这是临终者的典型特征，有许多原因导致。我再次强调，需要进行检查以确保患者没有便秘或缺氧。不安也许是因为疼痛、膀胱胀痛、保持一种姿势太久、药物或生化异常等。它也可能是因为一个梦，或一种精神状态。如果找到了身体的原因并正确处理了，那么不需要药物治疗。如果这种不安来自恐惧，在早期，临终者可以得到支持，例如倾听和陪伴。使用药物能减轻病症。当病人每日的用药停止时，就需要特别的照顾，因为突然停止用药会导致一些问题。比如，停止日常使用的抗抑郁剂就会如此。

再次强调，如果你对此有忧虑，那么请与你的主治医师谈论它们。

躁动

在第三章中我曾讨论过，一些临近死亡的病人会经历严重的躁动（称为临终躁动或垂死挣扎）。他们可能会扯床单、扯被褥，并处于长时间的痛苦中。这种状况通常是可以被药物控制的。如果你担心，可以与你的药物和护理团队谈论。

脉搏的变化

临终者的脉搏可能会更快，也可能慢下来，变得弱而乱。这是因为心脏功能的削弱。有时心脏是最后停止功能的器官之一。但如果心脏首先停止跳动，会立即导致死亡，因为血液不再流向大脑。越临近死亡，病人的脉搏越难被察觉。

体温变化

临终者失去了控制体温的能力，因此他们的体温会发生变化。病人会感觉比平时热或冷，有时会在两者之间切换。

手脚冰冷

当病人的身体状况下降，血液会优先流向身体的中心——心脏、肺和大脑，并远离身体末梢。这意味着流向手和脚的血液会减少，因此病人的手脚摸起来会觉得冰凉。皮肤会变得苍白，四肢会呈现出明显的蓝色。这种情况有时也会发生在鼻子上。在临终的早期阶段轻微地对病人的手脚进行按摩会使病人感到舒适。这也使病人家属感到安慰，因为它给了人们很好的与临终者进行身体接触的理由，而平时我们可能会害怕这样去做。然而，在过了某个节点之后，当临终者失去意识，这种身体的变化——尽管很明显——将不会对病人造成不适，因为他们已经无法感知，虽然这些变化可能会令病人周围的人感到不安。

沙沙声和嘈杂的呼吸声

尽管现代医院不喜欢这个词，这种呼吸的类型常常被称为"死亡呓语"。你一听这个词就知道它是什么意思。它常在病人无法清嗓子时发生，因为他们失去了咳嗽反射，嗓子里有少量的痰，呼吸的空气经过这些痰时会产生一种沙沙嗡嗡的声音。有时这种沙沙声会非常大。虽然这种声音会令临终者周围的人感到不安，但临终者自己对他们的环境，甚至对他们的身体，并没有感到被扰乱。这时可以使用药物使那些分泌物变得干燥，但也不总是管用。这些分泌物可以被吸出来，但今天不常使用这种策略，因为人们认为这么做实际上会刺激分泌物的产生。

不规律的呼吸

临终前会出现各种不规律的呼吸，最普遍的是潮式呼吸。临近死亡时快速呼吸与浅呼吸会交替进行，还可能会有极其短暂的无呼吸状态。这在临近死亡时很常见，它发生在死亡即将来临之前，然后自我纠正。

大小便失禁

在到达生命最后阶段之前，一些状况，比如急性精神错乱，会导致临终者大小便失禁。有时失禁是因为以前可以控制自己的肠子或膀胱的那个人陷入了无意识。但当临终者停止消化食物和水，失禁的可能性就会降低。临终者也许会因为停止饮食而停止大小便，所以事情没有你想象的那么恐怖。

减少液体摄入量

当口腔难以管理液体时，意味着到达了某个节点，因为喉咙的肌肉变弱了，吞咽反射不复存在。同时，病人通常很少再有饮用液体的兴趣。当各种器官功能衰竭时，这是一个普遍现象。在这时，医院会停止进行静脉注射，因为注射液无法被任何器官吸收。当临终者有一段时间没有摄入任何液体，口腔内就会形成长串唾液。姑息治疗专家认为，即使临终者不渴，唾液的堆积也会使他们感到不适。可以采取一些简单的措施缓解这些症状，如用纱布清洁嘴唇，用喷雾将嘴唇喷湿。

丧失食欲

当死亡临近，临终者对食物失去兴趣，不再感觉到饥饿，因为他们的新陈代谢逐渐停止。偶尔，几天后，临终者突然对食物有短暂的兴趣，然后又复归无食欲。这是临终阶段的一种正常现象。临终者对饥饿、疼痛或不适都无感，因此不再进食，这种状况令他身边的人难以理解。然而，其实人是可以在数周不吃、一周不喝的情况下保持生存状态的。

恶心和呕吐

在死亡过程的早期，会经历恶心，而如果因便秘、肿瘤和药物发生有肠阻塞的问题，则会出现呕吐。如果造成恶心和呕吐的原因是可治疗的，医护团队会调查并制定合适的治疗方案。恶心和呕吐不太可能发生在临近死亡时，因为那时肠胃系统已经停止工作，不会再产生这个系统的副产品。

褥疮

当褥疮发展到不能治愈的时候，接近死亡的时刻终将来临。垂死的病人因为长时间保持一个姿势而导致不适，因此医护人员常帮他们有规律地翻身。如果病人长了褥疮，护士会帮他们翻身以确保褥疮少受或不受压力。早期时，帮病人翻身很重要，但当病人临近死亡的时刻到来时，移动他们或帮他们处理褥疮所带来的疼痛甚至超过了褥疮本身的疼痛。褥疮的气味难闻会成为一个问题，尤其是对床边的非医务人员的陪伴者而言。而对临终者而言，伤口不会好转。因此那时的目标是尽量避免伤口变得更糟糕，使病人保持舒适，最大限度地减少因气味难闻而令陪伴者不敢坐在床边的风险。如果你正陪伴某位褥疮气味浓烈的临终者，不要耻于提出对气味进行覆盖或管理的要求。

疲软的皮肤

一旦液体不再被摄入，皮肤质量会发生变化，因为临终者正逐渐脱水。皮肤摸起来会很疲软，而不是干燥。病人的皮肤的气味也会随之发生微妙的变化。呼吸也会因脱水而变浅。

身体崩溃

对物体而言，最脆弱的、最易受攻击的环节会在最早崩溃；而身体最柔软的环节在死亡前才开始崩溃，因此真菌会在口腔和阴道的黏膜区生长。如果一个人因为糖尿病等疾病而患有神经病变，那么脚部可能会出现黑色。当身体以这样的方式崩溃，没有治疗方法。不过，当面临这一刻的时候，你可以试着从这样一个事实中得到安慰：你爱的人可能不太感到痛苦，死亡就在眼前。

嘴唇无法闭合

这种常见的情况是因为病人失去对面部肌肉的控制而导致下颌下垂。反过来，这种情况会加剧嘴唇的干裂和口腔的干燥。一旦嘴以这种形式张开，便不太可能闭合了。张嘴和睁眼一样，是死亡最明显的特征，经常会发生。

第二节　死亡的定义

随着死亡越来越近，发生的事情也越来越多，虽然呼吸和心跳停止了，但最终引发死亡的机制并不总是遵循既定的模式，人们也无法完全能够理解死亡的规律。

曾经，人们对死亡的定义非常简单：心脏停止跳动、呼吸停止即死亡。但随着现代医学的进步，这个定义变为：大脑的死亡，或更为精准的是，脑干死亡。大脑是我们作为人类所有功能的源泉，而脑干控制着最基础的人类行为，如呼吸和心率。

在生命的最后阶段，呼吸变得不稳定。在缓慢的停顿变得越来越长之前，可以进行潮式呼吸。呼吸有时会安静地停下来，或者在最后一次呼吸完成后，临终者会发出一种类似气体的噪声，因为肺部的最后一丝空气被排出。还有一些人，没有上述两种情况，呼吸只是慢慢地在不易被觉察的状态下停止了，给人一种强烈的感觉，好像有人要溜走了。

一旦呼吸停止数秒，心脏便会停止跳动。当心脏停止并不再复苏，这就是传统定义的死亡时刻。

当心脏停止跳动，血液停止循环，几分钟内，所有的器官都会停止或关闭功能，其中包括大脑。

但在现代，这个死亡时刻的定义比两千年前要模糊。这是因为心脏可以人工起搏，即使大脑已经死亡，其他器官也可由此继续工作。

当脑干停止运转，就意味着脑死亡。病人的自我意识和存在的力量都消失了。若脑干死亡，而其他器官继续工作，荷尔蒙仍能产生，并完成它们的相互作用，指甲和头发仍能生长。然而真正意义上的生命并不存在了。

很多人都会不时地对医院定义的死亡提出质疑。比如，对一个孩子用呼吸机将氧气输送到肺部，他的心脏还在跳动，从那里，含氧的血液被泵到身体各处，使器官继续工作。但他的脑干已经不再活动了。在这种情况下，悲痛的父母将医院告上法庭，阻止医院宣布孩子为死亡。但，悲哀的是，虽然使用呼吸机后，血液循环能使器官维持运转，但因为大脑已经死亡，生命仍然是无法继续的。

有时发生了一些事情导致我们对死亡重新进行定义。2015 年澳大利亚的一项心脏移植手术技术的新进展，表明了心脏可以从一个死者身上移走，20 分钟后有效地在一个新的身体中重启。因此如果对死亡只是定义为心脏停搏的瞬间，且心脏能在另一个人身上重启，那么，被移走心脏的那个人真的死亡了吗？答案是"是的"。但这种情况让一些人怀疑，在澳大利亚，死亡的法律定义是否需要重写。关于脑死亡和心肺死亡及其法律含义的争论仍然层出不穷。

一个人的死亡应该是显而易见的。在过去，人们最担忧的是有人因为心脏停止跳动而被认定为死亡，所以去埋葬，但实际上他还活着。在 18 世纪的一些社区，遗体下葬时会在脚趾上绑一个铃铛，这样的话如果死者"复活"，他们能够听见铃响并吸引其他人的注意。

在某些文化中，守灵会持续三天，除了让哀悼者聚集起来表达他们对逝去亲人的情感外，在前科学时代，守灵也是一种便捷的方式，如果逝者其实还活着，便有机会活动开来，避免自己被埋葬。

幸运的是，在现代社会，因为类似于脑电图描记法之类的技术，我们可以读出脑电波、呼吸和心跳。这意味着我们可以借助各种手段充分确认一个人的死亡。

最好的情况是，家人在临终前守夜的需求得到了尊重。现在人们认为这一点是如此重要，以至于一些急诊科正在制定家属在场协议，甚至当医护人员正在对病人使用除颤器复苏时也是如此。一些医疗专家担心家属在场会阻碍急救人员对病人的抢救工作。正确的行动守则还在酝酿中。

守夜，病床旁的陪伴，是一种古老的人类仪式。它的历史比任何医院或医疗体制还要久远。

临终者有时会说他们"想回家"。但他们口中的"家"是他们一直居住的那个家吗？还是他们童年的家？或者只是一个隐喻，暗示他们想要离开自己的物理的身体？如果某人在他们进入死亡的最后阶段之前表达了想要回家的意愿，这个要求能被满足吗？有时无法满足，因为家中没有人照护他们。

另外，你在床边的陪伴和守护能够为临终者提供舒适感。你甚至可以鼓励临终者，允许他们离开。这个念头是要告诉病人，如果他们想要走，是可以的。而不是告诉他们"该走了"。死亡意味着放手，死亡也是临终者的自由选择。

死亡之后会发生什么？

第五章

我们需要学习死后需要做的"家务"——了解需要做什么，不需要做什么——这样我们才能够让逝者有尊严地离开。

几个世纪以来，不同的文化环境都接受一种观点：死亡是瞬间的，而死后的时间是特殊的，各种力量都在上演。有些文化和宗教传统认为，灵魂离开身体需要一段时间。护士们，即使积累了大量临床的死亡经验，也认为这是一个非常重要的时刻。

"在护士心中，有一种感觉，死者会待上一段时间。这种感觉是否是我们自己想象出的，我不确定。但这是一种身体上的感觉，感觉有人在你身边，就在那儿。"一名专业肿瘤姑息治疗护士说。

"如果你观察过姑息治疗护士为死者清洗身体，会发现他们在与死者对话。他们是非常令人尊敬的。就像死者仍活着那样对待死者，就是这样，就是这样。"她说。

第一节　在死亡和葬礼之间

对死者和家人的照顾会一直延续到亲人去世后。无论在何处死亡，你都有权利和死者相处一段时间。尽管现在在某些地方，这是你必须坚持才能做的事情，而不是被鼓励去做的事情。

如果逝者是在家中去世的，身边没有任何医疗人员，那么在你拨打必要的电话之前，暂停一分钟是可以的。死者家属中是否有人想见见他们，在遗体被运出房屋之前，向他们做最后的告别？

当朱丽的母亲琼斯去世时，朱丽的五个姐妹都在身边。这个家庭采取了一种非同寻常的策略，她们将母亲的遗体在身边保留了将近一天。母亲死于下午5点，直到22个小时后，第二天下午3点，她们才将母亲的遗体运走。

朱丽的姐妹们意见一致，她们希望在任何人带走母亲的遗体之前好好地和她道个别。朱丽的一个姐妹是一名注册护士，其他两个姐妹是在编护士，因此她们对如何舒展母亲的身体很在行。她们清洗了母亲的头发并帮她换上了葬礼时需要穿的衣服。

"所有人聚在一起，我们刚吃过饭，那是一次庞大的家庭聚餐，孙辈们走进来坐下，在外祖母身边共进晚餐。我们在另一个房间里，在晚上的最后时刻，所有的姐妹们围坐在母亲的厨房休息区的桌旁交谈，我们突然意识到：'那么，孩子们去哪了？'"

"然后我们走进母亲躺着的房间，发现孩子们正在彼此交谈，靠着床边，挨着他们的外祖母。好像她正坐在那听他们说话似的。"

这个庞大家族的众多成员一起守夜，躺在各自的房间里，想着她们的母亲，孩子们的外祖母，那个躺在隔壁的卧室里已然逝去的人。朱丽说那是令人安慰的，而非令人不安的。当第二天曙光出现时，他们几乎都是在本能的支配下工作，家庭成员都留了下来。

"那一整天的大部分时光，我们都和母亲在一起，直到我们觉得自己做好了准备放她离开。"

朱丽相信这段与他们爱戴的大家长相处的时光有助于所有人接受她去世的这个事实。这是一个基本事实，即使是最小的孩子，也明白外祖母已经去世了。但与逝者在一起让他们感到平和、镇静。

许多人认为，和你爱的人的遗体在一起待一段时间是很有必要的，这有助于人们更好地应对丧亲之痛。

"我知道将我的双手放在我所爱之人的遗体上能帮助我理解他们真的已经离去了——这是一种无线通信。"肯布拉港葬礼公司董事兼总经理珍妮·布里斯科·霍夫在她的作品《生死攸关：60个声音分享他们的智慧》中这样写道："这是一本关于死亡的掷地有声的书，由罗莎琳德·布拉德利编辑。"

她还观察到："当母亲去世时，我在她身边，就像有飓风吹过我一样。母亲的去世重新安排了我的生活，我想这一定是我丰富的生活的一部分。"

这表明了全身心投入到你所爱之人的死亡中去所产生的精神价值，如果这对于你而言是合适的。

如今，越来越多的人重启了照顾逝者的传统技能。你也可以做到。

如果死亡发生在家中，请将逝者的身体伸直，在他们的脖子下方和下巴下方各放一条卷起来的毛巾，以帮助逝者将下巴闭合，否则逝者的下巴通常会掉下来，然后联系在逝者生前一直负责护理的医务人员。

安排死亡证明的责任落到了对逝者生前的病情参与最多的医生身上，这可能是照顾逝者的姑息治疗团队，也可能是全科医生。无论哪种方式，病人去世后需要一名医生完成第一项官方任务，那就是写死亡证明。在某些司法管辖区，这有一个听起来更加正式的名字，如"死亡原因医学证明"。你需要这种证明才能去登记死亡，在许多国家这是你必须履行的法律义务。

如果医生在死亡证明书上提供虚假材料，属严重罪行，因此如果他们认为死亡情况不明，对死亡原因有任何疑问，他们会拒绝在死亡证明上签字，在法律上他们也不应该签字。有时，当病人刚进入医院的急救室就死亡了，医疗团队无法说明病人的死亡原因。在这种情况下，他们会报警作为第一步，警察会要求逝者家属确认遗体。

警察还会致电逝者的全科医生。如果全科医生非常了解他（她）的病人，他们会提出自己关于死亡原因的意见。但如果他们也对死亡原因无法确信，警察会把案件移交给验尸官。验尸官通常会请法医病理学家进行验尸。

当某人在医院或者老年护理机构意外死亡，准备死亡证明的责任由医院工作人员承担，这是例行公事。如果你想将遗体运回家，而不是去太平间，你需要在病人死亡前安排这一切。

有时人们认为所有死亡都需要联系警察，其实并不需要。

病人去世后，如果你在医院，护士们会进来将逝者的身体展开，并确认所需要用到的宗教习俗。通常会在病人去世前由病人家属说明所需要的习俗，信誉良好的临终关怀中心或医院都会努力确保文化和宗教需求得到尊重。

对一些人来说，将这些事情交给医院的工作人员可能是一种解脱，通常由护理病人的护士来完成清洁逝者身体、为葬礼做准备的工作。

护士们受过如何清洗并舒展遗体的培训，且当你看到护士们对待病人的身体是多么的尊重和温柔，你就会感到安心。许多护士会欣然接受这个机会，在病人死亡时做出一种安慰的姿态，即使只是象征性的。

"我们为逝者清洗身体，那是护士们通常做的。我们在此处告别。"一名护士这样说道。

第二节　亲眼看见逝者的身体

美国牧师作家凯特·布雷斯楚普认为，根据她处理死亡事件的个人经验，"更多的人是后悔没有看到（已故亲人的）遗体，而不是希望自己没有看到"。无疑这取决于每个个人。她讲述了当她第一任丈夫去世时，看到他的遗体让她感到心安的感人故事。然后又讲述了五岁的小女孩尼娜想看自己堂兄的遗体并最终得到允许的一个有着美好结局的故事。

眼睛能帮助大脑处理死亡的结局，这是有着不可辩驳的证据的。因此，对遗体行注目礼是许多文化中的死亡仪式的内容。

今天许多急救医师认为亲眼看见逝者的遗体很重要。这是因为往往人们想象出的一个人死后的样子，比实际情况要糟糕得多。而这一点，反过来，会对人们的精神健康有着长期的不良影响。

第三节 亲自为你所爱之人的葬礼做准备

我们在母亲的护理室问过医护人员,我和我的姐妹们是否可以清洗并伸展母亲的遗体。因为我们没有经过正规训练——而且我们对不可预料的事情有一丝害怕。一名受过训练的护士玛丽带领着我们,并展示了如何去做这些。那是一段平静的时光,而且不知何故,当我们清洗母亲的头发和身体时,我感到非常镇定,好像我们的行为使她感到舒适和宁静,能解除她生前遭受的痛苦和折磨。

但其他人在这点上走得更远。越来越多的国际运动鼓励和教导人们如何为逝者的身体做好清理和准备工作,并安排葬礼,其前提是直到最近一百年,逝者家属才同意将这项任务交给他人。

美国的红十字会成员伊丽莎白·诺克斯,在她七岁的女儿因汽车安全气囊的弹出而丧生后,她便开始了以改变西方人对这一任务的态度为使命。她用非常感人的语言叙述了自己的坚定信念:不应该将死去的孩子交给别人照顾,就像她活着时不应该那样一样。任何人只要读过芭芭拉·金斯洛弗(Barbara Kingslover)的《毒木圣经》(the Wood Bible)中当一位母亲为她的孩子清洗遗体时那段感人的话,都会以新的角度来看待这一点,更深地理解这种小仪式的力量,有助于接受这种毁灭性的丧亲之痛。

伊丽莎白·诺克斯认为即使亲人的遗体被移交给丧葬承办人，家人仍然拥有控制权，并未失去什么。她的在线小册子《跨越：家庭葬礼护理手册》强调，参与的人越多，计划做得越充分，参与的人感觉就越好。

诺克斯建议参与者应不止一个人，可以帮着抬动遗体和分担情感负担。

死后 3 ~ 6 个小时，逝者身体所有的肌肉都会收缩、变硬，这就是"僵死"。在 12 ~ 72 小时后，随着肌肉细胞开始分解，肌肉细胞不再充氧。

理想的做法是在尸骨僵直之前对遗体进行清洗，并以一种暗示休息与安宁的方式摆放遗体。逝者刚去世时下巴张开是正常的。有时在尸骨僵直前需要用一条围巾从脖子到头部紧紧围住，以帮助下巴闭合。但这一招并非总是管用。

为自己所爱的人整理遗体可能并不适合所有人，但这些做法是一个很好的例子，说明我们从医疗专业人员和殡仪人员那里获得了死亡经验。积极主动的参与能够帮助我们自己更有能力接受死亡这种丧失之痛，然后，放手让逝者离去。

由斯蒂芬妮·威尔瑞、约瑟芬·斯派尔和尼古拉斯·欧波瑞合著的《自然死亡手册》，详细地叙述了这些操作的细节。有时由于体液被排出而腐烂，特别是身体的软组织的腐烂已经开始了。因此，许多人宁愿选择将这项任务交给其他人。

即使你没有做清洗遗体的工作，仍然可以参与其中，你可以观看并参与一些准备工作。但是你要知道你需要在逝者死亡之前就和殡仪馆联系，因为家人的参与态度和殡仪馆的开放程度会有所不同。

显然，许多有过类似经历的人发现这是一次很治愈的精神体验。

如果你选择做一些非传统的事情，例如亲自为丧葬做准备，你需要让医院或护理人员提前知道这些，这样他们才不会自动启动不在你的期待范围内的程序。还有，请确保你计划的事情是合法的。提前准备好权利性文件——比如，允许你移动遗体的授权文件——将有助你让本已艰难的悲伤时刻变得轻松一点，尤其是当你想做些不同于传统的事情的时候。

第四节   当你需要更多的时间

无论死亡发生在何地，通常会通知丧葬承办人来运输遗体。在医院，当遗体被清洗干净，会被运至太平间，通常位于大楼的地下室。这件事通常做得小心翼翼，当运送手推车时，遗体会被覆盖得很好，人们不会想到下面是一名死者。

医院和类似于养老院的其他机构喜欢立即搬运遗体，因此你要确保你有足够的时间与家人相聚并与逝者告别，如果他们希望这么做的话。通常需要派一名工作人员与丧葬承办人共同安排事宜，以确保这件事不会太仓促。如果逝者是在半夜或清晨去世的，你可以坚持你拥有通知家人并与逝者告别的权利。

如果逝者是在家中死亡的，法律对遗体在家里存放的时间有所限制。比如，在澳大利亚许多地方，法律规定遗体如果不做冷冻处理的话，在家中存放不能超过 48 小时，除非经过防腐处理。这是你能够将遗体保留在家中的实际时间限制。英国和新西兰也有类似的条款和规定。

使遗体保持冰冻状态的新技术越来越多地被使用。传统的冰袋也可以用，但当冰块融化时，这种方法会立即成为麻烦，尤其是在热天。干冰是更好的替代品，因为它比冰块更冷，且融化时不会四处滴漏。

澳大利亚自然死亡护理中心认为,通过使用冷板,遗体可以在家中保存5天。5天正好是新南威尔士州可以将遗体在家中保存的合法时间,在此之后,遗体将被运至丧葬间,或埋掉或火化。

该中心的指导思想是,家人应当拥有更多机会参与逝者死亡的每一个阶段——他们认为这不是什么新鲜事,而是回到了传统的方式。

如果去世的是一名婴儿,父母会感觉他们需要花更多的时间陪伴他们的孩子,超过医院所允许的时间。抱抱床是英国发明的,它可以让死产婴儿的家庭能长时间地照看他们的婴儿,通常是数日,而不是几个小时。它包括一个装有冷却装置的婴儿床,以保持婴儿的身体凉爽。

将遗体从医院运回家中为葬礼做准备,这在今天可能是离经叛道的,但总有一天,它会为全社会所接受。今天,那些想要在没有医院的参与下自己在家照顾遗体的人往往是那些在逝者生前就在家中照顾过他们的人。

第五节　防腐处理

用防腐剂对遗体进行防腐保存，并将液体从遗体中吸出，以防止液体渗漏。这个过程意味着遗体是可保存的，并在常规时间里不会分解，因此葬礼是可以推迟的。有时，防腐工作人员也认为这样做是为了控制感染，但这种想法面临着挑战。对于某些疾病，不建议做防腐处理，因为这样做会给工作人员带来风险。红十字会成员伊丽莎白·诺克斯也认为，不作防腐处理也可以防止感染。

防腐处理在英国、澳大利亚和新西兰并不像在美国那样流行，传统上，这种情况在欧洲发生的可能性更小。人们认为这种处理方式最早源于古埃及，它的方法高度精练，这样身体在进入来生之前就没有分解。

它在 19 世纪 60 年代美国内战中迅速成为葬礼仪式的一部分。许多年轻人死于战场，远离他们的家乡。想要运回儿子遗体的父母们拒绝在没有集中的宗教仪式的情况下埋葬他们的儿子，但在儿子们的尸体被放进灵柩运回家乡之前首先要对尸体腐烂做预防工作。于是防腐处理便成为大多数美国丧葬官默认的服务，尽管有人质疑它的必要性。直到今天，它仍然很流行。

作为一个总体原则，如果棺木不是埋于土中，而是埋于地穴或墓穴或运至海外，防腐处理就是必需的。

殡仪馆保存遗体的时间通常不能超过 7 天，除非经过防腐处理防止了感染，因为一些携带疾病的病原体在人死后会继续繁殖。

通常，如果在逝者死亡三天后，有人要来查看遗体，防腐护理也是需要做的，以便逝者家属能够好好探视并触摸，而不用担心腐烂的气味。如果逝者是因意外事故而死亡的，防腐处理也是很有用的。在这些例子中，防腐人员的轻微的修补工作可以避免逝者家属探视遗体时产生极大的痛苦。但现在对防腐处理有越来越多的争议，认为它是不现实和非自然的。

第六节　死亡通知

在新南威尔士州，死亡通知书必须在埋葬或火化后 7 天内送交出生、死亡及婚姻登记官，而这是丧葬官经常要做的工作之一。其他州和国家也会有类似的要求。

对丧葬官而言，完成这种资料提交是日常工作的一部分，他们有管理系统来实现这一点。对一个悲伤的家庭而言，做这些工作会更困难，往好了说是个麻烦事，往坏了说这会产生更大的悲痛。但作为家人，你亲自完成这份文件是法定的权利，知道这一点很重要，这样做可能会让你感觉好一些。根据新南威尔士州出生、死亡及婚姻登记处的规定，需要提供以下细节资料：

- ➢ 姓名
- ➢ 性别
- ➢ 出生日期
- ➢ 出生地址
- ➢ 逝者常用地址
- ➢ 逝者生前职业
- ➢ 婚姻细节：配偶的联系地址、年龄、全名

> ➤ 逝者的所有子女的姓名和年龄
> ➤ 父母的全名，包括母亲的娘家姓
> ➤ 丧葬细节

死亡证明也可以由最亲密的家人提供，如丈夫、妻子、父母或成年的子女，他们可以做一些类似于注销银行账户和取消驾照之类的工作。

在适当的情况下，你还需要咨询以下机构：福利署、退伍军人事务、家庭护理服务、轮椅餐食、公共受托人、遗嘱执行人、税务办公室、医疗保险、私人医疗基金、选举办公室、保险公司、房屋署、人寿保险公司、养老基金、汽车登记处、银行和建房互助协会。

运气好的话，与你一起工作的人会整理他们的文件，确保你能方便地进入这些机构，这会让你更容易做到这一点。

还请注意，澳大利亚税务局有一个已故遗产清单，与个人的税务事务有关。

第七节　遗嘱认证

当一个人死亡，他会失去所有的法律权利。"遗嘱认证"赋予遗嘱执行人管理遗产的权利和职责。西澳大利亚的公共受托人对遗嘱认证有很好的定义：

遗嘱认证是在法庭上对逝者的临终愿望进行证实并登记备案的过程。当一个人死亡，需要有人来处理他（她）的财产。

通常是由遗嘱执行人管理死者的财产并处理资产和负债。为了获得法定授权，通常需要获得一份称为"遗嘱认证书"的法律文件。

新西兰和澳大利亚都拥有英国模式的遗嘱认证体系。而美国司法使用不同的术语来描述遗嘱收益的分配，各州之间略有不同，但原则是相同的。

通常这些事由律师来完成，你也可以自己来做，以减少花销，但有过类似经历的人认为最好还是授予律师去做。因为遗产涉及许多复杂的资产，如财产、股票和投资，最好由有经验的遗嘱认证律师处理。

梅尔只有一个同胞兄弟。桃乐茜没有债务，并在她的遗嘱中声明她希望将自己的资产，减去几笔开支后，平分给两个兄弟姐妹。双方都对这些条款感到满意。

"所以相对来说比较简单，幸运的是，我哥哥很乐意我们自己来做遗嘱认证。"梅尔说道。

梅尔的丈夫加文帮她一起处理文件,幸运的是,她的母亲在患上老年痴呆症前,曾公开谈论过她的遗愿。那时,她已经忘了自己还有股份。

"这让我们没那么心痛。我们事先进行了讨论,这是我们在母亲去世后不可能做的,我很高兴我们提前进行了讨论。"

"在她去世前,我们和她一起列了一份清单。她告诉过我们自己正在计划立遗嘱。她与我们进行了一场关于股票投资和退休金的坦诚的讨论。她保存了所有财务记录,因此当她说没有债务时,我们很方便去验证。"

梅尔和加文居住在新南威尔士州,所以他们是按照新南威尔士州最高法院遗嘱认证网站(www.supremecourt.justice.nsw.gov.au)上的提示去做的。

"新南威尔士州最高法院的网站上没有公告显示'现在停止任命律师'。我们自己去做这些可以节省大约 5800 美元的律师费用——但要注意的是——你需要付出整整一周的时间来填各种表格。但如果你按照链接所说的方式填写表格,所有的链接都指引你正确地填写。记住,你需要所有文件的核证副本,因此地方执法官是你最好的朋友。"

"是的,这有点令人生畏,但通过自己做这些工作,并和彼此讨论,我们学会了许多。我们理解了为什么这些事情需要用某种方式去做。亲自完成这件事,这对我们而言是非常鼓舞人心的。"

意外死亡

第六章

我们需要培养技能，尤其是社交技能，以便在意外死亡时能派上用场。

"朱利安发生了摩托车事故，他现在在塔姆沃思医院。"我父亲在办公室用传达重要消息的简短语调说道。

"噢？没有事故细节吗？"

"确实没有。肇事者逃跑了。他说他的腿有两处摔断了。女孩们一直在哭，无法安慰她们。"

朱利安唯一的女儿，14 岁的克莱尔和她的同学们假期时一起陪伴她父亲。我吓坏了。如果朱利安真的在国家公路上摔断了腿，那是非常严重的——因为澳大利亚的国家公路距离太长，伤者的股动脉可能会出血，可能等不到救援就死亡了。我奔向了塔姆沃思医院。

在这个奇怪的命运转折时刻，朱利安的妻子玛丽和一名重症监护护士，在朱利安被送往的急诊室工作。玛丽把手机给了她的一名护士朋友，让她和我说话。

"有多严重？"我问道。

"非常严重。他骑着摩托车进城时，在老温顿路上被一辆汽车撞成了丁字牛排。"护士说道。

"他的伤怎么样？"

她一口气说出了一长串骨折和器官破裂的名词。当她提到气胸和被扎破的肺时，我听到一个模糊的声音，几乎就在我身后说："他还能活到明天早上吗？"然后我意识到那个声音是我自己的。

我本来以为她会责备我，说我太夸张了，但她说："我们认为可能活不到明天早上了。"

我们认为可能活不到明天早上了。

就这样，我的家人遭遇了突如其来、意想不到的死亡，开始了他们的痛苦旅程，不知道是否能从痛苦中走出来。

第一节 死亡发生时的权威角色

当意外死亡发生时，验尸官就会介入。有时这些死亡是突发的、费解的，而另一些时候它们是暴力的结果。所以警察和救护车经常在验尸官之前出现在死亡现场。

验尸官的角色是调查某些死亡事件，找出死者的身份、死亡时间、死亡地点、死亡情况和原因。在有些案例中，验尸官进行调查后会要求进行死因研讯，但并不总是如此。

死因研讯是由死因裁判官主持的法庭聆讯，目的是调查一个人的死亡情况及死因。现在不只是验尸官在处理这个案子，目击证人也被传讯并要求提供证据。验尸官无法找到犯罪嫌疑人。但如果他们开始相信有人犯罪，他们会停止讯问，将案件移交检察官，后者将决定是否对某人提起刑事诉讼，以为是让法官听审或是让陪审团审判。

验尸官也对火灾和爆炸事故进行调查。

验尸官的作用之一是进行询问：我们能做什么以避免无法阻止的死亡？

在澳大利亚，每年向验尸官报告的死亡案件几乎有 20000 例——占所有死亡事故的 12%。新西兰的这个数据是约 5700 例。大多数死亡是可以找到原因的，但也有些无法解释。

如果一名医生不打算签发死亡证书，会将死亡事件移交给验尸官。当某人（也许是医生）认定某例死亡是可疑的，决定要向官方备案，那么他可能会向警局或直接向验尸官报告。但实际上，大多数类似情况的死亡事件是由警局移交给验尸官的。

验尸官也有权指示警方对死亡进行调查。更典型的情况是，警官会向验尸官报告，后者会指定一名法医对死者进行尸检。验尸官会在看完警察和法医的报告后，决定死亡情况是否需要进行一场死因研讯。

公路交通事故之所以要向验尸官报告是因为它是一场突发的或意外的死亡，且通常存在某种导致公路交通事故的犯罪行为，这些需要深入调查。

另一种可能是，还有其他一些东西可能需要仔细检查，以便改进系统——例如，交通系统或者医疗体系。

新南威尔士州前副验尸官休·狄龙说，验尸对人们来说有巨大的价值，因为它为家属对死亡如何发生、为什么发生提供更多的解释。狄龙正在推动改革，以完善新南威尔士州的法院制度。他认为，建立一个独立的验尸法庭是改善这一制度的一个办法。

"新南威尔士州没有验尸法庭。这在澳大利亚和国际上是一个特例。我们的系统是当地法庭的一部分。"狄龙指出。

这导致的一个问题就是服务于悉尼的经验丰富的全职验尸官的技能与地方法官的经验之间存在巨大的鸿沟："由此，整个州的标准和服务质量有着巨大的差异。"

进行死因研讯的另外一个目的是寻找在未来我们是否能做些什么阻止类似情况的死亡。官方可能提出的问题包括：

➢ 医疗体系、航空安全或公路系统给予死者应有的待遇了吗?

> ➤ 该例死亡的发生是否与不当行为或错误行为有关？
> ➤ 在类似的条件下我们能做些什么阻止死亡的发生？

验尸官也许会指定验尸程序在某种情况下启动。

据狄龙的经验，"验尸官收到很多关于在医院死亡的报告，这给人们带来了困扰，尤其是与在医院死亡的儿童或母亲有关的报告"。他举了一个例子：

一名患有晚期肾衰竭的老年女士在要求输血和透析后，在一家大医院死亡。其家属无法理解。他们向验尸官提交了审查诉求，并得到了验尸官的同意，尽管这种做法并非强制性的。

这名女士需要多次输血和持续的肾脏透析。在透析过程中，血液从静脉泵入透析装置，经过处理的血液再返回到静脉循环系统，过去在这名女士的身体上已经有很多地方曾插入过静脉导管。当找到下一个插入位置时，针周围的组织变得很软，开始出血。

尽管这名女士每20分钟由重症监护病房的护士进行一次检查，但她很快就因失血过多、严重休克后死亡。

主治医师在死因研讯过程中解释了准确的细节，而事实上，这家人当时并没有被告知发生了什么，也没有得到关于这起事件的太多信息。

这名女士的主治医师、肾脏专家向法庭说明了事情发生的所有细节。

"家属听到了解释之后表示了理解，特别是当主治医师说：'我们没有救活你们的母亲，我很难过。我知道这对你们而言是粉碎性的打击，但我们真的尽一切努力与时间赛跑了。'随后，家属们与医生在法庭外进行了交谈，然后接受了他们母亲的死亡，并离开了。"

"我认为验尸系统是我们的社会对生命示以敬畏的一条途径。"狄龙说，"死因研讯可以起到巨大的宣泄作用，从而有益于人们。但我认为，说验尸官和调查能给人们一个结论是错误的，这是你经常听到的说法。它并不能改变任何东西。"

"但它在某种程度上可以给人们一种慰藉，因为它给出了人们心中一些问题的答案。但我同时也认为人们真正能从中获益的是他们可以正式消除自己的忧虑。"

"除了体现出你们所爱的人的生命是有价值的，我们没法做更多了；这是很重要的，这不仅对你们很重要，对整个社会都很重要，对我们彼此都很重要。"

当我的哥哥死于车祸事故时，我是多么希望表达哥哥的生命价值啊！

在某些案例中，就像朱利安的车祸，验尸官的审讯完全取消了。这是法庭的特权，收到对司机的指控后，地方法官立刻就驳回了。

在法律程序方面，刑事案件有优先权。在我之后去询问时，法院的一名司法常务官这样向我解释道。

"重复审理将浪费法院的时间和资源。如果与死亡事件相关的刑事案件先进行了审理，法院通常不会再做死因研讯。"他说道。

"我本想听司机回答这个问题：你认为为什么会发生事故？"我抱怨道。

那名司法常务官仍然保持平静。他可能习惯了这种官方言论，并形成了一套对付访客的战略战术："你们可以写一封信给验尸官。大约2%的类似案件经过复审，最终进行了调查。"

我本不想纠缠那个17岁的司机。生命太短暂了，不只是她的，还有我的。我知道，如果有审讯的话，我一定会找其他的解决办法。

　　我逐渐接受了事实，但那是若干年后了。而当时我陷入了绝望。

　　但令人鼓舞的是，验尸官的建议可以带来一系列环境的改善：可能会重新安装一套交通灯，在危险的地方可能会放置护柱，船上的安全设备可能会得到改进，药物输送系统的缺陷可能会得到修复，老年护理机构可能会提供更好的护理。

　　自 2009 年以来，新南威尔士州的所有机构都有法律义务对验尸官的建议做出回应，要么接受建议，要么给出不接受建议的理由。

　　澳大利亚也拥有一套国家验尸信息体系，整理全国各地的验尸案件，这样州与州之间的发展便能实现共享。

　　如果某人死于警方行动的过程中——包括车辆追踪——那么须强制执行死亡研讯。所有拘留期间死亡的人也须进行调查。

第二节　谋杀

利·赛尔斯，ABC 电视台广受欢迎的电视节目 7 ∶ 30 的主持人，在她的《普通的一天》一书中指出：

"值得注意的是，如果某天发生一场特大的致命的事故或者一些其他的重大新闻事件，观看 7 ∶ 30 节目的观众数量几乎必然远超过平日。一场公共悲剧事件似乎可以使收视率飙升。当灾难发生在他人身上时，人们会不可抗拒地被灾难事件所吸引，而在日常生活中，我们会尽一切可能保护自己免遭厄运。这看似有悖常理。"

多么一语中的。我们记得自己做过的这些事情吗？

值得庆幸的是，我们中大多数人最接近暴力犯罪的经历，比如杀人，只是在销售电视节目中谈论它或在好莱坞电影中表演它。而对于那些亲身经历过的人而言，是完全不同的。不仅他们的生活发生了不可逆转的变化，而且他们不得不反复经历悲伤和遭遇深度心理创伤，至少一开始是这样，而且可能会持续很长一段时间。

多年前，我在为一个朋友的孩子准备生日派对时，接到母亲的电话，她说，"别担心，我很好"。

为什么她这么说？那是一个周六的下午，她去了购物大厦。几分钟前，我听到广播报告了一起在悉尼西郊的屠杀案。七人死亡，六人受伤。

我一直认为那种事情会发生在离我很远的地方。但那起屠杀事件发生在我从小长到大的市郊中心，我的母亲正在那里买蛋糕时被困住了。大厦业主拆除了安全屏障，她因此受到了保护，但她不得不面对惊恐的购物者敲打着屏幕、恳求让他们进去的声音。

过了一小会儿，我接到了另一个朋友的 16 岁女儿的电话。她的妈妈去了大厦给过生日的男孩买礼物："我们找不到妈妈了。"海伦说道。

她妈妈被持枪者作为人质。幸运的是，后来她被放了。当持枪者开枪的时候，他已经拿着枪挥舞了几个小时，他枪口对准的是他自己，而不是她。生日派对取消了。

那天早上我买了一面漂亮的墙面镜，但我再也不会看它一眼。我将镜子捐赠给了学校。即使现在，每当回想起那面镜子时，我都几乎要吐。我以前常常带着我的三个孩子去那个大厦。我总是想，在面对持枪歹徒时，我该如何保护三个孩子？那之后有朋友约我在那里见面，我曾去过几次，不过我也只是在那里喝过几次咖啡，我内心是非常排斥的。

在其他人都离开后，人质遭受了长期的痛苦。如果我一想到镜子就想吐，如果我的母亲被杀了，我会有什么反应？这看似是不可想象的，然而人们不得不经历这些，并且这种经历不像电影那么好玩。

分析有关暴力死亡的数据并将其置于事件背景中是一件好事。Cover Australia 是一家保险公司，它需要收集一系列事故的相关数据，包括凶杀案。

据 Cover Australia 网上的 2014 年度报告显示，2010 ～ 2012 年外向死亡的三个主要原因——即死亡原因不是医学上的，而是来自人的身体外部——是：

> ➤ 意外死亡——5867（例）
>
> ➤ 故意自残——2522（例）
>
> ➤ 袭击死亡——216（例）

报告同样表明，在澳大利亚，他杀的三个主要死因是刺伤（187人死亡）、殴打（125人死亡）、枪击（69人死亡）。这些事件的排序与美国正好相反，在美国，枪支的持有更自由。

在澳大利亚，30% 的受害者年龄在 35 ~ 49 岁之间，21% 在25 ~ 34 岁之间。在所有的他杀案中，85% 的罪犯是男性。

这表明，抛开我们在电视上看见的那些事件，我们更有可能死于自己造成的事故，而不是被谋杀。我们因自杀而死亡的可能性介于两者之间。

Cover Australia 还说道，在澳大利亚，2010 ~ 2012 年之间，发生了 243 起谋杀案。（与 216 数字不匹配的原因是存在死亡方式的差别和一些没有被归类为谋杀的袭击死亡案例。）在某些案子中，被谋杀的死亡人数超过一人，因此那些案子的死亡总数是 511。

谋杀确实存在，而那些受害者的家人们不得不在那以后活下去。在某些案子中，案犯一直没有找到。警察时不时地会联系受害者家属。这使家属们燃起了不切实际的希望，以为案情有了进展，然而实际上从来没实现过。到底是谁干的？依然没有答案。当事件曝光时，更增添了家属的焦虑。

当谋杀案受害者家属安妮塔·克比和埃博妮·辛普森 1993 年第一次见面时，他们想要联合起来帮助其他受害者。在新南威尔士外国医学研究所和西南悉尼地区健康服务中心的支持下，他们组成了谋杀案受害者互助联盟。

对于谋杀案，人们出现了两种反应——支持受害者家属的冲动以及希望进行政治变革，希望谋杀案的受害者不会在现有的法律体系下继续经历创伤。

对幸存的家庭来说，应对法律体系带来的创伤仍然是一个挑战。荷兰的安东·万·维克做的一项研究于 2016 年发表，分析了 28 位共同受害者的经历。

他早期的一项研究发现，警察和司法系统的常规工作方式会严重打扰到共同受害者的哀悼过程，且他们经历的心理和情绪问题将加重，并在刑事诉讼及判刑过程中持续恶化。

这一点也不奇怪，但它是一项有趣的、客观的研究，可以证实我们的怀疑。此外，他发现共同受害者有如下特征：

> ➢ 他们的问题也许很严重并且持续很长时间。
> ➢ 他们的心理问题比其他类型的犯罪案件的受害人家属更严重。
> ➢ 他们更容易遭受长期的复杂的悲痛。
> ➢ 他们更容易患抑郁症。
> ➢ 他们遭受着深刻的自我迷失，包括看不到未来的永久丧失，现在感觉自己像一个完全不同的人，失去控制和失去纯真。
> ➢ 他们变得易怒，不只是对行凶者，也对全世界。
> ➢ 他们经历了反复的难以忍受的幻想和梦魇，将自己淹没在愤怒和暴躁中，过度警觉和内疚。

近年来，社会对杀人案件的关注焦点略有转变。是的，陌生人的他杀案一直发生，但是现在对国内谋杀用不同的角度来审视。并非案件越来越多了，而只是它们越来越得到关注、谈论和报道。

近年来有许多类似主题的长篇报道。让我们再次回到 Cover Australia 的报道，寻找关于死因的线索。2014 年的 511 起他杀案中，我们发现：

> ➤ 39%的案件发生在国内
> ➤ 36%的案件是熟人作案
> ➤ 国内案件中58%的发生在亲密伴侣之间
> ➤ 70%的案件发生在住宅中

这些发现令我们心寒，但是众所周知的是，不同于电视剧和电影的表演，大多数凶杀案是熟人作案。而更糟糕的是，这些数字表明，家庭暴力是最有可能导致谋杀的，这正引起媒体的关注。

丽贝卡·波尔森的侄子马里被她的堂兄——马里的父亲——杀害了。丽贝卡自己的父亲皮特，也在拼命保护马里和巴斯的过程中被杀害了。她的堂兄后来在现场被警察击中，然后死于自伤。

丽贝卡指出，正如她的家庭案件，在澳大利亚，85% 的儿童杀害案源自孩子的父母。

"让我极度痛苦的是，我需要知道到底他们是如何死去的，这样我就可以分担他们的痛苦，计算出他们死前的痛苦程度。"丽贝卡说道。

她现在和保尔森家族基金会一起游说，帮助人们保护孩童免受杀害。该基金会将重点放在警察培训上，以提升警察对暴力案件的反应能力，并提高家庭和社区服务部门的服务于儿童的工作人员的水平，因为他们的案件已经警示了公众。

在丽贝卡最近为《悉尼先驱晨报》写的一篇文章中，提到与她的家庭案件相似的一起西澳大利亚的家庭暴力凶杀案，写道：作为罪犯的父亲经常被他的糊涂社区描述为"一个好人"。

丽贝卡想看到这种思想变化——让社会更诚实地了解所发生的事情——凶手虽然深受困扰，但还是犯下了家庭暴力罪行。

她说，这些事件很少是突然发生的"令人震惊"的悲剧，但却是长期家庭内部控制和虐待模式的一部分，在最终的致命"事件"之前，受害者和她的孩子可能已经遭受了数百次甚至数千次的痛苦。

"危险信号几乎总是存在的。不同的系统和机构，如警察局、FACS和学校等是最有可能被标记的，并意识到妇女和儿童需要帮助。"

"这些都是可预防的凶杀，但政府、警局、社区、FACS和许多其他机构需要联合起来增加资金投入，改变根深蒂固的文化态度和信仰。"

当反对家庭暴力活动家罗西·巴蒂向全国新闻俱乐部发表演讲时，丽贝卡正在那儿，坐在安·尼尔身边，安·尼尔是"天使之手"（Angelhands）的创始人，这是一个为因凶杀案失去亲人的人提供帮助的组织。安·尼尔的两个孩子1994年被与她分居的丈夫杀害了。后来她一直忍受着陌生人的提问："你到底做了什么致使他这么做？"

丽贝卡对"凶杀案受害者互助联盟"的成员，尤其是引起媒体关注的案件受害者，有个建议。

"要尽快联系'凶杀案受害者互助联盟'和警局联系人。他们会协调媒体和警局，他们在受害者死亡数小时内就涉入其中，而这时你们还处在震惊的眩晕和拒绝相信的状态中。"她说。

"'凶杀案受害者互助联盟'也会帮助那些被遗忘的人找到方向，并与媒体沟通。凶杀案之后，尤其是如果受害者是孩童或者受害者不止一人时，媒体的密切关注是无情的。与其他大多数死亡相比，谋杀给悲伤增加了不同的层次。他们有正常的震惊和悲伤，然后还要应对警察的介入。他们在我的家里待了几个小时，并不停地探访，让我们做漫长的令人筋疲力尽的陈述。"

"然后，当我正努力挑选墓碑地址时，媒体会扎堆在门口，躲在车里，朝我奔来。有些节目组假装成送花的，当我开门时就邀请我接受采访。他们来到葬礼上，对我和我的姐妹们一顿狂拍。"

"为了将这些不悦降到最低，我接受了警察的建议，决定在谋杀案两天后开一场新闻发布会和媒体评论此事。然后我不得不面对这一堵闪光灯和话筒墙。而事实上，我只是想蜷缩在角落里躲起来。"

"另一种你从未想过直到亲身经历才会有的体验是，这是一种精神上的创伤，一种想要通过法律体系寻求正义或找出其原因的病态。"

所以丽贝卡对那些处于和她同样的困境下的人们提出两条建议：

> 寻求咨询："在新南威尔士州，如果你支付不起费用，通过罪案受害者司法委员会可以免费获得咨询。凶杀组会推荐通过凶杀受害者支援小组或类似的组织提供的服务——受害者的确很需要专家。有些顾问对这些罪行不太了解。只要你感觉不舒服，无须进行判断或给出理由，你就可以更换顾问。"

> 休假："我的工作很棒，老板给了我延长的体恤假，这样我就不用休年假了。但你可以使用所有不同类别的休假，并将其用于以下用途：与支持你的家人和朋友在一起，去参加你的咨询会议，葬礼之后稍稍休息一下——比如去一个没有太

多人的海滩。第一个圣诞节我们去了一个独立农场，因为闹哄哄的购物中心和四处弥散的广告令我们难以忍受——没有电视，没有购物。那是最棒的。"

第三节　意外死亡

当我问护士，我的哥哥是否有可能在他的摩托车事故中幸存时，她告诉我："我们认为不可能。"我的姐姐塞西莉亚和我疯狂地开了 6 小时的车来到他的身边，想和他道别。但我们还是晚了。

当他被抬到救护车上后，他和他妻子说的最后一句话是："我不能呼吸了。"

而他妻子回答他的最后一句话是："别说话，集中注意力呼吸。"

几个小时后，他死了，但在此之前，紧急救援队一直在努力抢救他。

医生的报告记载了大量的输血。紧急救援队以最快的速度向他输送血液，而他又再次大量失血，血液从每一个分裂的器官中流出，聚集在他的腹腔等位置。

朱利安拼尽全力与死神搏斗。在半昏半醒中，他战斗至死，妻子尽量安慰他，但他仍然害怕。

然后，他的心脏剧烈地跳动，血液在撕裂的胃、脾、肝外聚集，血压急速下降。他在晚上 11 点左右心脏骤停。他的医生记录下的时间是晚上 11 ：03。"愿他安息。"结束了，一切都结束了。我不知道这句流传了几个世纪的古老的口头禅至今是否仍在使用。

回顾一下，想到医生从他们的功能性任务中抽离，花一分钟，写下这句灵魂的祈祷，我觉得深感安慰。

接下来的十天，我的家庭蜷缩在悲伤的泡影里。我两次离开朱利安的农场，就像离开了一个黑暗舒适的狼窝，走到耀眼的亮光中。

在我的记忆里，那里的事件并没有时间顺序，就像他们在母亲去世时所做的串珠那样。相反，它们随机地挂在一起，就像树上的水果。

这一次，如果找不到本打算用来写东西的纸，我便无法组织思想，无法拼凑字句，也找不到笔。这一切的努力都太过分了。我的脑子里只有一个词：朱利安。当我闭眼时，他就在那里，就像摩托车引擎喷出的滚滚浓烟。当我睁眼时，那句话在我的耳朵里一遍又一遍地唱着，就像一只蝉在他农舍周围长长的黄草里唱着一样。

不只是我，许多人的人生，被这件事永远地改变了，而他的妻子和年幼的孩子花了几年的时间才走出来。

可悲的是，2012 年朱利安的死亡，只是众多类似悲剧性的意外死亡之一。

2011 ~ 2012 年，澳大利亚有 11192 例因受伤导致的死亡。2017 年的这个数字是 12000 例，占所有死亡总数的 8%。在澳大利亚常规的一年里，许多这样的意外死亡发生在公路上。我哥哥死亡的那一年有 1300 例，2017 年有 1225 例。

当然，公路并非意外死亡的唯一场所。

根据澳大利亚皇家救生员 2018 年国家溺水报告，2017 年 7 月至 2018 年 6 月，有 249 起溺亡事件。河流和内河航道造成的死亡人数最多。

还有一些意外死亡的其他原因，看似不太显眼，2011 年，它们是这样呈现的：

> 715人死于滑倒、绊倒和跌倒

> 58人死于从床上掉下

> 26人死于从椅子上掉下

> 34人死于从楼梯上掉下

> 59人死于被食物噎至窒息

这些意外死亡的影响，对他们周围的人来说，比自然死亡更极端，但不像谋杀那么激烈。但这仍然很难熬。它在心理学家中有自己的标签：创伤性丧亲之痛。心理学家认为，与那些自然死亡事件的家属相比，那些经历意外死亡后的幸存者，其悲伤的感受更强烈、更持久。在家人和朋友中会出现额外的情绪问题：

> 难以接受已经发生的事情

> 感到自己对所发生的事情负有责任和内疚

> 对宗教信仰的质疑

> 为受苦的人担忧

> 恐惧自己或所爱的人也会死去

第四节　婴儿猝死和儿童死亡

父母不得不埋葬孩子是违背自然性的行为。没有比这更难以忍受的了。然而，尽管医学和挽救生命的技术取得了巨大进步，仍有许多人面临着这样的遭遇。

约 30 年前，西方国家普遍意识到婴儿突发猝死现象。这种死亡的特征是：当孩子在摇篮或婴儿床里睡觉，然后就再也没有醒来。今天，对婴儿猝死的定义概括为婴儿突发性意外死亡（SUDI），这是一个更广义的词汇；SIDS 是 SUDI 的子义词。

然而，新西兰的一项研究表明，对于 SUDI 的定义在不同国家会有所不同。

好消息是澳大利亚统计局的数据表明，自 1990 年以来 SUDI 有显著下降。在维多利亚州，婴儿突发性意外死亡率已下降 84%。与此同时，新西兰和英国也公布了同样的数据。这在一定程度上是因为社区教育项目的成功，这些项目促进了安全实践，比如让婴儿平躺着睡觉，使用无帽无袖的婴儿睡袋，确保床里没有柔软的玩具。

经历过婴儿突发性意外死亡的父母们可以从医生那寻求支持，包括全科医生、社会工作者和悲伤咨询师。而一旦关起门来，葬礼完毕，从震惊和悲伤中恢复正常生活后，父母需要从他们的家人和朋友那显得到更多的支持和理解的时刻才真正到来。

儿童死亡

在悉尼，卢·波拉德——又名庸医博士——为在"熊舍"垂死的孩子们提供临终关怀支持，"熊舍"是悉尼曼利（Manly）一家专门建造的暂息和临终关怀收容所。

像其他探访"熊舍"的训练有素的小丑医生们一样，她陪伴过许多孩子度过他们最后的时光，自己的孩子在离世前曾与家人一起欢笑，对父母而言是极大的安慰。

孩子有时对死亡有着深刻的见解，当他们表达观点时，会觉得安心和安慰。他们有时对别人比对父母更加坦诚，因为他们有时会试图保护父母的情绪。

"一个 7 岁的小孩要我扮演一个角色。他的父母已离开房间。这个孩子要我躺在另一张床上，我将成为棺椁里的逝者，我不会微笑，因为我已经死了。"卢·波拉德说道。

当某人的孩子刚刚逝去，我们该如何出现在他们面前？我们该说些什么？有时我们很害怕说错什么，以至于我们干脆闭口不言。没有人想要表现得冷漠和麻木不仁，然而，许多经历了丧子之痛的父母既面对过令人震惊与失望的反应，也遇到过善良与慷慨的对待。

有时拥抱是一种更好的沟通情感的方式。一名著名的精神病学家建议："当你不知道该说些什么时，那是因为此时无声胜有声。"

有时，最大的障碍就是我们害怕在第一次见到失子的父母时，无法控制自己的情绪和眼泪。这一点驱使人们回避那些失子者。悲伤的人尽管在某种程度上迷失在自己的世界里，但也会注意到那些在正常情况下不会避开他们的人在此时选择了回避。这在部分上是因为在悲伤的人身上几乎有一种超级敏感的情绪。

　　我的观点是，如果你无法停止眼泪，那并不是最糟糕的。而更糟的是你的异常缺席。当没有其他人知道他们正在经历什么时，他们会更需要你的同情和支持，只要你能够掌控好见面的情景，确保见面不会成为你的情绪的爆发点。（在这种情况下，丧亲者也面临着额外的压力，有时他们不得不安慰和安抚别人，即使他们自己正承受痛苦。）

　　最要避免的一句话是："我了解你的感受。"即便你曾有相似的经历，但你真的确信你的经历是一模一样的吗？更明智的做法可能是少说一些，说点类似于这样的话："我想我了解你的感受。"

　　在谈论去世的孩子"去了更好的地方"时，我们需要更谨慎。对方是宗教人士吗？如果是，就询问他们是否相信这一点，而不是一味地讲述死亡的事实。虽是好意，但这种言辞会令人感觉疏离。即使非常虔诚的教徒也更愿意相信他们的孩子还活着。然而，如果他们自己提起孩子去了更好的地方时，这也许能满足他们的需要。在不违背你自己的价值观的前提下，你可以在他们表达这种想法时支持他们，鼓励他们分享自己的想法。

　　说"我很难过"总是不错的。

　　无论你说什么，都存在着对方不欣赏的风险。但说错话的风险远没有看上去那么大，也没有因为沉默不语那么糟糕。如果你能保持情绪平稳，并准备好了开始谈话，那么你就值得冒这个险。

　　一名在多年前因婴儿猝死综合征失去了孩子的父亲说道："以下是我个人观点：'最好是给悲伤的人留出谈话的空间。换句话说，倾听比说任何话都更有价值。我们害怕沉默，然后常常用话语将时间填满，而这阻碍了其他人的表达。'"

　　澳大利亚自然死亡治疗中心的创始人齐妮思·弗戈提醒我们，婴幼儿死亡是一件相对较新的事情，大多数人对此都缺乏认知。但其实它很常见。她建议用一种激进的方法来培养我们对那些经历过丧子之痛的人的同情心。

"每天只要一次，当你喝咖啡或喝茶的时候，沉下心来思考一下，如果你失去了自己的孩子会是怎样，"她建议道，"你最初只需要很短的时间做这个，然后当你能够坐下来专心思考时，它就能占据喝完整杯咖啡或茶的时间。如果你能做到这点，以后去支持家庭或社区里正有类似经历的某个人时，你就会对陪伴他们走完这段旅程准备得更充分。它会帮助你认识自己并做得更好。"

如果你是对方常见的亲密朋友，那么你会面对一些稍微不同的问题。

其中最主要的一点是，在丧子的父母还没有准备好之前，支持他们的朋友和家人却已经认为他们很想开始新生活，而且应该开始新生活。朋友和家人担忧丧子的父母继续悲伤下去会有损健康。这种观点来自西方社会文化——现在这种信仰受到了挑战——即应当给悲伤设置一个时间表。

一个主要的问题是，人们不再问候丧子的父母感受如何了，他们认定悲伤时段已"结束"。

友谊会发生变化。有些人无法应对丧子者的悲伤。如果你不想成为离他们远去的那个人，也许可以在最初时减少见面，然后在一段时间以后持续地露面。

我说的"露面"，相当于偶尔的电话联系那么简单。你打算电话问候的丧亲者还沉浸在过去中吗？如果是，这么做吧。如果不是，他们不希望你突然变得很亲近。当他们开始谈起逝去的孩子时，不要试图改变话题。不要让他们觉得不得不捍卫谈论自己孩子的权利。这可能会增加对他们的伤害。他们也许总是会想要说出逝去的孩子的名字，或者讲述孩子的往事。这都是没问题的。

30 多年前，玛丽的女儿还是婴儿时就去世了，这完全颠覆了玛丽的人生。至今，无论何时她想和母亲谈起她的女儿时，她母亲就会转换话题。成年后，她还剩下什么呢？只剩下与母亲的挫败的关系，以及丧女之痛。

有时，当失去孩子的父母身处我们其中，遭受痛苦时，我们不知所措。最保险的支持他们的做法可能是对这种状态保持诚实，说出类似的话："我真的不知道该说些什么。我想我能想象你正在经历的痛苦，我知道我并不能完全理解。但我会一直陪在你身边。"

常常，我们不需要说太多。只要在他们准备好之前陪伴他们，我们的支持和同情是能传递给他们的。

我们也需要意识到，悲伤有时会夹杂着愤怒，愤怒有时会被误导。

有时我们很难停留在某人身边，因为他们的悲伤会让你害怕。而且最主要的是，你不得不应对一些不应由你承担的愤怒。

但此时此刻你能给予的支持，对那些需要的人而言，是无比宝贵的。

第五节　早产儿死亡

我们的直觉认为生与死是生命周期中的对立面。如果将对生与死的期望倒置过来，是一件可怕的事情。早产儿死亡总是令人痛苦的，然而，对于那些直接受害者而言，我们很难理解他们的全部痛苦。不仅仅是希望和梦想破灭——对父母和其他家人而言——还有一种渐进的身份转变。从确认第一次怀孕的那一刻起，女人就开始思考如何成为一名母亲。而她的母亲也在调整自己以适应外祖母的角色。类似的转变也在家庭中的男人身上发生。

当胎儿在子宫中流产，所有做过基础身份转变的人，除了为宝贝的逝去感到悲伤以外，还为失去一种新的生存方式而感伤。对于不经意的观察者而言，他们的生活并没有改变，但事实并非如此。他们已经开始成为另一个人，新的生活正把他们带到那里。

局外人可能很难意识到发生了两场大转变——一是亲子关系，二是悲伤、哀悼和绝望。几乎每天都能见到这位年轻女子的人看不出有什么不同，而一些旁观者会认为既然没有生命发生，也就没有生命失去。

如果这是第二个孩子，情感有些微不同。母亲的角色早已成立。但许多有类似经历的母亲说，她们被这种冷漠的说法所伤害："噢，没什么大不了的。至少你已经有一个孩子了。"

对已经有一个孩子而又失去了一个孩子的母亲而言，其实，这个孩子的生命无法弥补另一个孩子的逝去。

近30～50年，社会发生了重大变化，人们认为弱化母亲的经历和感受，是对有丧子之痛的家庭的一种非常糟糕的反应。最先意识到这一点的是妇产医院。

如果你的产科医护人员对你失去孩子显得很冷漠，这是不能接受的。然而在这时要更换服务者是很难的，记住，现代医院的问责标准要求有申诉程序。这意味着如果你有过你认为不能接受的经历，不管什么理由，你都有权投诉，当你投诉时，或当医院告诉你做了什么应对措施时，你应当获得尊重。

幸运的是，许多妇产医院和他们的工作人员在处理早产儿死亡事件时是怀着充分的理解和同情的。

埃洛伊丝的女儿特雷西怀孕了，她很激动。然而，特雷西患有孕期并发症，持续了几周，并被要求送医院观察。不幸的是，在妊娠18周时，特雷西的羊水破了。

这意味着特雷西即将分娩，顶多还能撑三四周。18周的胎儿生下来很难存活，而做人工流产又太晚。特雷西问医护人员：如果这需要长达四周的时间，难道这不足以被定义为早产吗？他们就不能走得更远，越过这条生死线吗？但医生解释说，即使胎儿到了这个节点仍然存活，但因为失去了所有的羊水，没有移动和成长的空间，所以他会被压扁，不能正常生长。尽管医生没有明确说明，但他推断出胎儿正在遭受窘迫，除非进行干预，否则窘迫会一直持续。医生让特雷西做出选择，要么等待流产在下个月的某个时刻自然发生，要么挑定时间终止妊娠。如果她选择后者，就需要做人工流产。因为胎儿的身体组织和生理结构很脆弱，无法在分娩时强大的宫缩的力量中存活，它会在这个过程中死去。它的肺和身体也没有发育完全，无法顺利通过剖宫产。

不幸的是，在孕期的这个阶段，用刮除器来终止妊娠是不可能的。这位年轻的母亲必须经历分娩，并且她知道分娩结束时她无法带一个活的婴儿回家。在极罕见的情况下，有些在这个阶段早产的婴儿会存活短暂的一段时间，而这更增添了父母的悲伤。

如果特雷西等待自然分娩，她将冒着并发症的危险，因为婴儿将无法存活，且当婴儿的身体崩溃时，会引发特雷西的感染。于是她选择了听从医院的建议，人工终止妊娠。

医院意识到特雷西的情感需求以及此事将会对她产生的长期影响，便将她带到一家生产中心。她被当作即将分娩的女人对待，这是对她的重要承认，以帮助她度过悲伤的过程。

护理人员接受过训练，以应对这位第一次分娩的年轻母亲，她同时经历了情绪的激动和体能的挑战，并准备埋葬婴儿。

通常情况下，女性的同伴会陪伴她度过分娩过程，但特雷西失去了丈夫，陪伴者的任务就落到了她母亲身上。她让母亲陪在她身边度过分娩前后的几个日夜。她的姐姐在白天也参与了。当特雷西将消息告诉她们并做出决定时，她们在一起抱头痛哭了许多回，也留下许多欢笑。对这种年轻的悲伤的母亲予以承认和接纳，是一种新的社会需求，且极其有价值。

护理人员告诉特雷西婴儿生下来可能看上去会很小，有着半透明的黑黑的皮肤，所以特雷西看到宝宝的那一刻并没有感到震惊。当婴儿生下时，特雷西用取好的名字和宝宝对话。特雷西和母亲住进了家庭套房，特雷西可以让宝宝在她身边想留多久就留多久。宝宝在襁褓

中，一家人拍了张全家福——这也是对特雷西生下宝宝的一种承认和
见证。

在孩子出生两天后，特雷西准备放弃对她的孩子进行尸检，她和
她的家人被邀请去让婴儿安息。医院为此准备了一间特殊的房间。房
间里装饰得像家庭式幼儿园一样漂亮，有一个可爱的摇篮。特雷西将
她的孩子放在摇篮里，在孩子身边放了一只泰迪熊和她写的一封亲笔
信，她和家人都和孩子依依惜别。

特雷西亲身经历了分娩和埋葬孩子，她作为母亲的身份是庄严的，
每个人都参与其中。

随后就是葬礼。通过葬礼的仪式，这家人可以向死去的孩子致以
荣誉和尊重，以一种庄严的方式，聚焦于他们的悲伤，但同时给他们
一个节点，让他们可以继续前进。

葬礼之后就是火化。一个星期后，人们撒了一些骨灰，在这地方
种了一种开花的灌木。

每年的 10 月 15 日，加拿大、英国、西部澳大利亚、新南威尔士
和意大利都会举行纪念仪式和烛光守夜活动来纪念早产儿和婴儿的死
亡。特雷西的家人现在都参与其中。

结束

终止妊娠是可行的，而需要终止妊娠的原因各不相同，不管导致
这个决定的因素是什么，终止妊娠可能是母亲、父亲或其他人悲伤的
主要来源。这种情况下父母的悲伤应当被尊重。

第六节　自　杀

　　有一个我了解的家庭，他们在不停地问自己："这是为什么？"这个家庭中的一个可爱的儿媳结束了自己的生命，和她亲近的每一个人都极为震惊。她的家人中没有人知道她这样做的原因。每一个人都在回忆与她的最后一次对话，以寻找线索，但没有找到任何蛛丝马迹。

　　她的至亲们陷入愤怒之中。很难接受这个事实，但这是一种夹杂着悲伤的极其强烈的情绪。他们愤怒是因为觉得没有人会故意伤害她，然而现在所有人都负载着沉重的情感负担，要在他们的余生中承担。

　　对于那些正在应对自杀事件造成的困惑的人，想要帮助他们，就不要回避死亡这个话题，并询问自己如何能帮助他们。最重要的事情就是告诉幸存者，我们会与他们并肩，他们不是孤独的。

　　了解幸存者可能会感觉震惊、愤怒、困惑、内疚和绝望，这会对你有所帮助。他们的愤怒和内疚可能会更甚于那些经历过非自杀性亲人死亡的人。

　　如果你要支持一个正在经受自杀性事件后遗症痛苦的人，请记住他们还将应对社会性羞辱，以及对此的恐惧。这一点将增加他们的焦虑和悲伤。

　　相较男性而言，女性有更多的自我伤害倾向，但在澳大利亚和新西兰，男性自杀事件比女性多。

总而言之，有些群体特别脆弱。记住，关于自杀可能性的统计数据几乎是无关紧要的，因为我们意识到，在各种不同情况下，每个人都可能有自杀的念头——不论是老人还是年轻人，甚至是看起来坐拥一切的人生赢家。

总体来说，自杀更有可能发生在以下人身上：

> 有心理障碍的人，如精神分裂症患者
> 曾有过自杀史的人
> 有情绪障碍的人
> 有药物滥用问题的人
> 拥有枪支等致命武器的人

防止自杀的措施包括：

> 拥有获得心理卫生保健服务的途径
> 与外界有联系——与个人、家庭、社区和社会机构
> 拥有某种或某些生活技能
> 拥有良好的自尊，对生活的目标和意义有自己的思考
> 存在不鼓励自杀的文化、宗教或个人信仰的因素

因此，保护可以归结为，无论你年龄多大，请确保你有值得爱的人（或事），有值得做的事和值得期待的事。

的确，我们可能都有脆弱的一面，但在这方面，我们需要照顾和关爱某些特定的群体。

女同性恋、男同性恋、双性恋、跨性别和双性人的心理健康状况较差，比常人有着更高的自杀行为风险。

新西兰 LGBTI 社区最近批评新西兰统计局在 2018 年人口普查中没有提出有关性别和性取向的适当问题，以获取他们社区的准确信息。这样的忽视将错失对 LGBTI 人群的心理健康压力、抑郁症和自杀率的重要洞察。

退役军人也很脆弱。

2002—2016 年间，澳大利亚退役男性的自杀率比所有澳大利亚男性的自杀率高出 18%。退役军人的高自杀风险与年轻脆弱、非自愿退役、服役期短和没有军衔等有关。

当一个人自杀时，那些被留在自杀者身后的人经历了"被剥夺的悲痛"。那些与自杀者最亲近的人常常感到他们无法接受这种经历，无法谈论它，且常常对身边人的反应感到焦虑，因为自杀是一种禁忌。他们的悲痛是不被承认的。

"他们遭受的丧失无法公开承认、公开哀悼或得到社会支持。"澳大利亚悲伤和丧亲中心主任克里斯托弗·霍尔说道。

在我知道的三个近期个人自杀案例中，都没有遗书，因此也都没有死因解释。其中有两例发生在与其他家庭成员的小争执之后，但这种小争执并不足以导致自杀。而另一例中的自杀者看似拥有一切，让她的社交圈里的人羡慕不已。在前两个案例中，当家庭成员回顾过去时，有一些迹象表明，可能存在更深层次的问题。但在这三个案例中，都没有发现线索表明当事人正在计划和考虑自杀，也都没有暗示过将要发生什么的言行举止。

孩子、丈夫、妻子和合作伙伴被遗留在了一种严重的困惑和内疚感中。关于"为什么"的问题会在哀悼阶段过去之后的很长一段时间内困扰和折磨着他们。

在这些案例中，如果当事人与外界多一次交谈的机会能改变自杀的结果吗？根据致力于解决心理问题的非营利机构——澳大利亚《超越蓝色》杂志的报道，答案是"是的"。

多年来居住于悉尼臭名昭著的自杀热点 Gap 附近的多恩·里奇，把这种方法付诸实践。在 2012 年他去世之前，他通过交谈和倾听，使 160 人免于跳楼自杀。

澳大利亚媒体近年来不得不面对如何在新闻报道中描述自杀事件的挑战。我们在媒体上谈论自杀，是否在实际上提升了自杀率？据称，与几乎所有其他健康领域不同的是，公开讨论使得自杀的问题恶化了，而非改善了。这种担忧基于 1995 年对澳大利亚报纸报道的一项研究，之后的其他调查也显示，男性自杀率在自杀事件被报道后有所上升，在报道首次出现后的第三天达到高峰。而其他研究显示，如果将自杀描述为浪费生命，强调它的负面效应而非将其浪漫化，则自杀率就会下降。因此，今天的媒体报道都遵循严格的准则——比如，报道中不涉及死亡方式等细节，且总是附上热线援助电话号码。

但这种策略使自杀看起来很神秘，带给我们一些社会问题。我们是否因为看不见它而忽视了这个心理问题的实际解决方法？如果我们不公开讨论自杀事件，是否意味着我们不去探索它的成因？

"自杀感染效应"是一个相对较新的概念。这个理论认为经历过亲人自杀事件的人们有更大的自杀可能性。这些人指的不是那些在媒体上读到自杀事件的人，而是那些自身接触过自杀事件的人。

澳大利亚机构"希望之翼"表示，每年因自杀导致的死亡人数比交通事故造成的死亡人数还要多，而且每一次自杀事件都会对 8 个以上的人造成深远影响。

美国卫生与公众服务部解释道："事实已经证明，直接和间接接触自杀行为会导致自杀风险人群的自杀行为增加，尤其是在青少年和年轻人中。"

社交媒体的使用加剧了这个问题，社交媒体是流动的、直接的、没有"良知"的、以快速扩张的方式传递信息的，这使得使用社交媒体的问题更加复杂，尤其是在青少年中。和其他人一样，青少年也容易自杀，但他们也特别容易受到侵蚀自尊的网络欺凌。

美国卫生与公众服务部建议，因为自杀有传染的风险，如果在一个亲密的家人圈或朋友圈里有人自杀，那么这个圈子里的人应当接受自杀风险性评估。

男性自杀率居高不下。2017 年澳大利亚广播名人格斯·沃兰制作了一部名为《爷们儿》的电视连续剧，作为对一位自杀的好友的回应。格斯·沃兰对男性自杀的数据表示震惊，他问道："对于 15 ~ 44 岁的澳大利亚男性来说，自杀是排名第一的死亡方式。为何人们不知道这一点？"

格斯·沃兰的访谈对象之一是约翰·哈珀，他尖锐地解释了在节省劳力的技术发展下，如今的农民与其他人一起在农场工作的情况是如何减少的。在这里，曾经有 6 个人在农场工作，他们可以一起抽烟——并有机会谈论他们的问题，即使是偶然的——而现在这个农民独自工作，独立思考他的问题。他会拿着一把枪将无法继续工作的羊和狗击毙。

"当你认为自己不配得到一块饼干的时候，你就会贬低自己。"约翰·哈珀解释道。

真正的自杀人数很有可能要高于官方报道的数据，因为有些可能是自杀的死亡却被列为事故，如用药过量、独立交通事故、摔跤或溺水事故。

不断出现的自杀模式源自一系列的问题，让那些遭受这些问题的人感到孤立无援。毫无疑问，孤独感会直接导致自杀，或因孤独而导致的健康恶化和残疾，而成为死亡的罪魁祸首。

更多的研究结果显示，自杀现在被视为老年男性的头号杀手，甚至有人怀疑，以前被认定为意外事故的老年男性死亡实际上是自杀事件。

在关于自杀的讨论中，出现了"理性自杀"的概念，用来描述那些无论是否存在明显的心理健康问题，其自杀的决心都被视为对环境的理性反应，例如难以解决的精神或身体疾病。

我个人不赞同这个观点，因为这么做就意味着承认我们社会遭遇的问题无法通过整合资源去解决——智力的、科学的、情绪的和金融的。在最后一美元、最后一个想法和最后一个解决方案被投入到让生活更美好的挑战中之前，现状对我来说还不够好。

因此，对我而言，读一篇专业的论文——网上可以轻易获得——探讨老年人是否拥有因其境遇糟糕而选择自杀的权利，的确是一种令人不寒而栗的经历。

告别

第七章

我们要学习如何告别。
我们要剥去糟粕来表达我们自己真正的告别——
我们要学会丢弃或回收，有时断舍离，有时再利用。

第一节　关于告别的新想法

殡葬是近年来人们观念发生重大转变的一个领域，未来还会有更多的变化。当人们摆脱传统规则的束缚，便创造了新的东西。当然，如果你要对旧的说"不"，那么你要确切地告诉你的家人你想要什么样的"新"，这将对他们有帮助。

创新无处不在——尤其是在殡葬仪式中。在殡葬仪式中有许多方面你可能需要做出选择，这种可能性比以往任何时刻都要大。

第二节 传统方式——旧的和舒适的

在我们探索新的方式之前，让我们回顾一下旧的方式。传统文化也许会留给我们一些东西——甚至是直接告诉我们。关于死亡，我们有如此多的东西需要学习——我们是否需要踏上一段重新发现的旅程？

在维多利亚时代，人们对待死亡的态度是迥异的。维多利亚时代的人对死亡和今天的我们对性一样着迷。他们将遗体陈放于前室或客厅，并于此处为葬礼做准备。在今天的术语"殡仪馆"中，这种联系仍然存在。

那时的人们如此痴迷于葬礼，以至于当照相机刚发明时，即被用来拍摄死者的图像。在当时笨拙的技术下，死者是理想的拍摄对象，因为他们无法移动。他们用死者的指甲做晨戒，用死者的头发编织挂坠盒。女性自豪地穿着她们的黑色衣服，这在当时是一种不言而喻的行为准则，它向世界表明，如果她们的行为有点古怪，那是因为她们太悲伤。

随着葬礼照片的出现，我们的社会逐渐开始将几乎所有与死亡有关的事情从人们的视野中隐藏起来。我们脱去丧服，将客厅赋予更好的用途，随着时间的推移，我们逐渐舍弃了与死亡有关的诸多繁文缛节。

　　维多利亚时代的葬礼，许多惯例仍然存在。例如，通常不允许孩子们参加葬礼，直到近几年为止。现在很多人认为这是有害的。

　　克莉丝汀的父亲弗雷德去世时，她只有 7 岁，这是她终生难忘的一件事。在此之后的很长一段时间里，她心中有一种挥之不去的情绪，即愤怒——不是因为父亲的去世，而是因为这件事被当成一个秘密隐瞒了她。

　　"直到 50 年后我的母亲去世，我才能够以某种方式完成这件事情。因为母亲被安置在与父亲同一处墓穴中，我终于能够说，'好了，我现在可以对你说再见了，爸爸'。"

　　现在，克莉丝汀教人冥想。她家中的墙上挂着一幅漂亮的曼荼罗，是一个好朋友画的。它被一种奇特的文字所包围。在我看来，那是装饰性的图案，但克莉丝汀懂那种语言，她认为所有的文字都是关于爱的。它表达了一种个人哲学，克莉丝汀已经习惯了克服多年前所经历的伤害。

　　"我的哥哥，那时才 10 岁，作为祭台助手在父亲的葬礼团队中工作。那时我正在学校操场。我还记得那天，我望着窗外，对和我一起玩的女孩们说，'嗨，那群人看上去像我的亲戚们。'她们说道：'来吧，克莉丝汀，我们去后边的篱笆那去玩吧。'"

　　"善意的人们觉得我太年幼而无法应对父亲的死亡这一噩耗。因此他们指挥那些女孩们将我拉走。我被告知父亲去度假了，因此我以为他回他的家乡新几内亚去了。"

　　克莉丝汀一直等着她的父亲度假完回家。她只是觉得疑惑，为何他没打任何招呼就走了。

　　"他们不相信一个孩子面对悲剧的适应力，但他们好心办了坏事。"

还有一些人讲述了类似的被排除在某件事件之外的故事，这些故事之所以发生，都是因为大人们认为应该保护儿童免受悲伤——即便这种想法是真的，也是基于这样一种信念，即不能让儿童以任何方式从成年人的悼念仪式上让大家分心。

许多五六十岁、七十岁的成年人哭着跟我分享他们童年时被隐瞒真相的故事。

但在更广义上，现在许多人说我们已经在维多利亚时代的仪式上离经叛道得太远了，有点矫枉过正了。第一个提出这种观点的人是20世纪60年代的伊丽莎白·库布勒·罗丝。

直到1979年，时评家观察到现代文明已从神性过渡到了世俗性——因此我们的文化开始崇拜新的、年轻的，而旧的、老的贬值了。他们认为"世俗化"——从宗教抽离——和否认死亡是密切相关的。

比如，汤姆·乌尔夫的讽刺文学作品《夜都迷情》是探索我们的"集体自恋"观点的小说之一。

今天，在我们的西方文化里，否认死亡这一现象是一个被广泛探讨的主题。

"差不多是这样。"一位名为玛格丽特·麦克哈格的对人类学倍感兴趣的学生辅导员说。她看见了她的学生在悲伤时受到这一点的影响。她认为学生们尤其容易被它的消极方面所感染，因为死亡在今天对于年轻人来说是如此震撼的一件事。作为一个独立的但相关的话题，他们不能从老人那里得到多少安慰。她认为这部分是因为我们的文化并不推崇长者智慧。

她认为那些推崇长者的文化里并不害怕下一个阶段——她称为起始阶段，即超越死亡和永远消失的状态。

玛格丽特指出，在数个世纪的许多文化中，都认为精神生活或死后的生活远远比现世的生活更重要，只是在近些年，这种情况才发生了转变。

"今天的文化，不愿意接受死亡，从某种意义上说物质生活对我们而言就是一切。而且我们花了如此多的时间为了我们的极端个人主义去疯狂地获取、忙碌。"

"今天的文化里，以个人主义优先，而非集体主义或是家庭观念。所以我认为也很少有人能理解，比如本土的澳大利亚人和太平洋岛民会说，'在我死后，在我周围人的心中，我将继续活下去'。这一点反过来支持了对死亡的否认。"

但目前正在发生的一些有趣的事情可能表明，我们的文化正在摆脱早期对死亡的否认。

现当代社会的人们找到了一些保持旧习惯的方法，这些方法能让他们感到安慰和深深的治愈。他们没有抛弃这些旧习惯，而是更坚定地坚持它们。爱尔兰裔澳大利亚人马丁和苏格兰裔新西兰毛利人托马斯就是两个很好的例子。他们过着现代化的生活，但此外，他们也很重视传统文化习俗。

爱尔兰传统中，当某人去世，其家人会在逝者身边坐上三天，直到举行葬礼。家人会陪着逝者坐在前厅，在头一两个晚上，邻居们轮流陪伴着遗体，这样照顾遗体的家人或者在临终前守夜的家人就能睡上一觉，直到今天，人们仍然会陪伴遗体静坐。

陪伴逝者遗体的爱尔兰朋友们通常会两到三个人围坐在一起，通宵达旦，彼此陪伴。如果不能分享一瓶上好的爱尔兰威忌，就和邻居坐在一起，是极不礼貌的——不管邻居是死的还是活的——因此，爱尔兰守灵会直到遗体被埋葬才算结束。

马丁为了他父亲的葬礼回到了爱尔兰。父亲去世后，在葬礼之前他待在家的那段时间，他感到比以往任何时候都拘束。

"父亲的遗体经过防腐处理，躺在打开的棺椁里，置于家中他经常看电视的客厅里，这样所有人都可以来表达敬意。朋友、家人和邻居鱼贯而入，我的堂兄弟、马丁神父也顺便来访，做些祈祷。"

"虽然父亲生活在都柏林，但他在乡下买了一块地，在罗斯康芒与戈尔韦的边界，离他出生和长大的地方很近。"

罗斯康芒殡仪馆馆长，经营着数项当地业务，包括当地的加油站，他开车来接遗体，许多家人驾车尾随其后，他们一起回到罗斯康芒。

"我们在韦斯特米斯郡的一个叫莫特的小镇停下来，在一家客栈餐馆吃午餐。"

"殡仪馆馆长将灵车停在广场上，和我们一起吃午饭。我姐姐说道：'那父亲怎么办？'我们都说：'他在那里会没事的。'"

"在此之前我的堂兄和儿子们已经将墓穴挖好。他们不是正式的挖墓人，但爱尔兰传统就是这样的——由家人挖墓。在墓边祈祷完毕之后，我们做了一件特别爱尔兰的事情：棺材放下后，大家都往墓穴里铲土。每个人都拿起铲子，把所有的土填回去，然后压下去，就结束了。总共没花多长时间，顶多10分钟。当你把他埋在土里，将墓穴填平，轻拍下来，这会让你有一种解脱的感觉。"

马丁说，大部分爱尔兰的传统天主教教堂仪式已经发生了改变，主要是近几年来教堂处理恋童癖牧师问题的方式让人失望："对宗教甚至对葬礼的态度迅速发生变化，尤其在大城市。"

传统的毛利葬礼，称为坦吉甘加，将人们聚集在一起做一场漫长的仪式，通常为时一周，尽管现在这些仪式可以压缩至三天。坦吉甘加在纪念死者的同时，也抚慰了生者，帮助他们减轻悲痛。

在去世之后、葬礼之前，逝者的遗体并不单独存放。逝者家人会聚集在传统的聚集地毛利会堂，最亲近的家人围坐在遗体边上。用卡兰加来欢迎哀悼者，这是一种特殊的、轻快的、对精神的呼唤，由受过这种艺术培训的女性来完成，有时这个呼唤会从家人传递到他们的客人和其他哀悼者那里，然后再回到家人这里。

"大多数毛利人部落的主要礼节是，遗体被抬着脚先进门，就好像他或她还活着一样。"托马斯说道。

"所有来访的团队或个人总是首先去问候逝者的亲人。然后他们站在棺椁边，通常会讲一个他们一起度过的开心时刻的故事。"

"葬礼总是在《瓦亚塔》的赞美诗中结束，这是一首帮助他们度过余生的歌或赞美诗。当我们离开墓址时，总是洗净双手以免受死者的感染。"

过去的毛利哀悼者会花上整整一个星期的时间在一起，唱歌、讲故事以及与死者告别，但在某些习俗里，逝者的至亲是不说话的。

葬礼前的晚上，哀悼者也聚在一起举行一场特殊的盛宴。在共同经历了如此强烈的情感体验后，人们才能摆脱悲伤，并迅速调整状态。

"我们在那段时间里哀悼了很多人，但同时也治愈了很多人。这是一种非常强烈的精神上的更新。当你离开它的时候，你会感觉好像你已经参加了一个真正肯定生命的庆祝活动。"托马斯说道。

悉尼大学博物馆和文化遗产研究馆馆长马特·波尔说："尊重传统很重要。"

他指出，社区能够表达自己的丧葬礼俗是一项基本人权。那是澳大利亚博物馆承诺将人权归还给原住民社区的一个主要原因。

"观察一个社区是否成长壮大，就着它是否建立起强大的信心以尊重死者，不管死者去世了多久。"他说道。

关于我们的土著民族文化遗产，非土著澳大利亚人还有很多要学习的。也许有一天，我们的国家将接受外来文化的精髓，并将它们与六万多年历史的精神传统中的灵感优雅地结合起来。这是一个强大的迷人的想法。

来自澳大利亚西部金伯利地区的安妮·波利纳博士，她的工作是定期与死亡打交道，这是她与年轻的澳大利亚土著居民合作的部分内容。

"我的大部分工作是为年轻的土著民创造生存机会并改善生活，尤其是针对自杀率最高的金伯利地区的人们。殖民的持续影响是如此具有破坏性，这些年轻人几乎没有希望。"她解释道。

"我关于死亡和生存的观点是建立在我的土著生活经历之上的，它们并不是一般的土著居民的世界观。但有一种观点我和许多资深人士——土著导师——有同感——我们必须'召唤人们到我们这里来'。召唤人们来是我们的韧性、智慧和灵性的重要组成部分。这是我们通过建立对人类和非人类的同理心而成为人类的一部分——这些都是建立更伟大的人性的重要因素，我们既要立足于自己，也要学习他人的智慧。"

"如果你足够勇敢，从出生的那一刻起，你就学会了呼唤别人。这种勇气贯穿在你的整个人生旅程中，直到你临近死亡。我们都有深爱过的特别的人，他们会帮助我们有勇气说出来：'下个轮回见。'"

"死亡真的是生命的重要部分，在某个时刻，我们都将面临这样的命运。"

"我相信当某人去世，他们并未离开我们。他们仍在与我们保持联系。我仍然在和那些已经死去的重要人物的生命能量对话，我感觉并相信他们在与我交流，向我显示某些'迹象'，在梦中来到我身边——他们的生命还在继续。"

她的信念是我们许多人的共同信念。在某些文化中激烈的纪念仪式仍在继续。作为现代万圣节的起源，每年的万灵节，墨西哥人会在小祭坛上用骨头和头骨来纪念死者，作为死者的提醒，同时也保持对死亡的忧虑。墨西哥母亲玛丽莎指出，尽管人们从这些仪式中获得了持续的安慰，我们不能假定他们没有经历过他们所爱之人的死亡带来的毁灭性打击。因婴儿猝死症，她失去了她的四个月大的儿子，这是一场令她多年后仍悲痛不已的经历。

澳大利亚人玛利亚说了同样的话。玛利亚谈论了西西里人的死亡方式。在葬礼的一个月后，所有人聚集一堂做一场弥撒，而一年后，又是另一场弥撒。西西里女性，与其他意大利人一样，在死亡那刻起，就按照传统穿上黑衣。

"从一个人死亡到举行葬礼，有五六七天，这段时间家人和朋友会陪伴着死者家属。他们做饭、购物，每晚都在那里。有些人在那过夜。"玛利亚说。

"葬礼的前一个晚上，有一场见面会。可以在葬礼主管指定的位置举行，也可以在教堂举行。棺椁打开着。人们可以进来看看死者。"

她知道，移民社区有时会发展他们认为来自旧地方的风俗，但实际上这是不同的。

"当我的家人回到故土时，当那里有人故去，你要穿黑色的衣服，并且在你的余生都要穿黑色的衣服。当我母亲的家族第一次抵达这里时，澳大利亚人不知道这意味着什么。我母亲的一位朋友一直穿着黑色的衣服，她的澳洲邻居们以为她买不起新衣服，便捐钱给她买衣服。"

"不过我不穿黑色衣服,因为我妈妈过去常对我说:'你要尊重活着的人。黑色并不能证明任何东西。'我认为她说得对。"

第三节　新方式——明亮的和令人兴奋的

但有时我们采取新旧融合的方式，由此开创下一条前进的道路。在现代，我们有更多的渠道接触不同的观念，也脱离严格的宗教传统。我们拥有更多的表达自我的自由。

来自新南威尔士的肯布拉港的温柔葬礼的艾米·赛格尔，是社区运动的拥护者，社区运动的内容包括人们收回有关死亡的仪式，自由选择死亡的方式，为自己创造一些独有的特殊的东西。她说，对那些想要参加最后一个重要的成人仪式的人们，这会是一次充实的确认生命的经历。

"我在工作十年后产生了一种感觉，为展现死者如何度过了他们的一生而创造葬礼仪式的人群，与那些家属有更多掌控权的地方，似乎对葬礼和告别拥有更积极的态度。"她说。

最后，你选择如何去做将取决于你的个性和你的生活经历。

有些人认为他们不需要做任何葬礼计划。他们说，我总有一天将死去，这对我并没有什么不同。是的，那部分是真的：葬礼计划一点也不能改变死亡的事实，你也不会亲身——在意识清醒的状态下——经历那些。但做一点点小小的计划，哪怕只是象征性的，会让你的家人好受一点。

我已经决定，我不想让我的孩子思虑过甚。

当然，事情可能不会以我预想的方式发生。但我认为我不会像美国电影制作人诺拉·艾芙隆那样在意。她组织了一个"诺拉的聚会"，在一个名为"退出"的文件夹中详细说明了该如何操作。一些哀悼者后来说他们不确定自己是去参加了一场葬礼还是一个鸡尾酒会。

我的计划也只是现在才开始。我不想假装已经完全掌握了它，但已经写好草稿。眼下，我的注意力都集中在孙儿的接连出生上了。近期，在我的外甥的婚礼上，我听到了我最爱的粉色丝绸大衣裙在手臂下撕裂的声音。我买它是打算一直穿着的，但它没有如我所想保存完好。我太喜欢它了，不想将它扔弃。但我打算为我的葬礼计划增加一条注释——我希望穿着这条裙子下葬。它是一条大衣裙，希望它能很容易裹住我的身体。

我喜欢这种穿着最爱的衣服归于尘土的想法。我正开始着手于其他的计划条款。

虽然有好几代人都听过《主是我真正的牧者》这首哀伤、平淡的挽歌，但其实它的歌词却有着你从未听过的欢乐和乐观。我列了一项条款：我想把它演奏成一种轻快的凯尔特舞曲，那种舞曲保证每个人都有起来跳舞的冲动。这项条款放在我的电脑中的一个名为《我的葬礼》的文件夹里，与它在一起的还有其他一些我想要演奏的曲目——比如"齐柏林飞艇"（英国摇滚乐队）的《天堂的阶梯》，等等。

事情也许并不会以我预想的方式进行，但如果有机会，可以让所有人在我的葬礼上微笑着发言，我很希望他们能接受。如果我选择了我想要的歌曲，我的子女们不需要去猜测他们所想的正确与否。如果他们并没有成功地实现我的计划，葬礼的那一天并没有如期达成我的愿望，那么他们之间也不会有相互指责的机会，他们可以一笑了之，并将失败归之于我，因为这是按我的意思办的。

第四节　你想要什么样的葬礼？

　　虽然在我们的文化里，按常规是由葬礼主管去安排葬礼仪式，但在澳大利亚并没有法律说明为什么必须这样做。通常葬礼主管会协调所有必须做的事情，并将所有要素集中在一起，由他来管理这些会比较容易，因为他们可以将计划行之有效地执行。

　　有些人不想要一个常规的葬礼仪式。史蒂夫和他 30 年的伴侣格蕾丝决定，当格蕾丝去世时他们将在家中开一个只有至亲参与的小型的聚会。不久后格蕾丝在家中病逝。她的葬礼没有教堂和社区参与。史蒂夫和格蕾丝的妹妹说了几句话，所有人喝了一杯香槟庆祝格蕾丝的生活。

　　"格蕾丝不想要一个常规的葬礼，她只是想要最亲近的家人和朋友在身边。那就是她想要的；她不想大费周章；她不想要任何服务——我们不是宗教徒，那些都与我们无关。她写下了一张她希望来参加自己葬礼的人名清单，事情就是如此。我们在家中团聚。我站起来为格蕾丝致悼词，并讲述她的生平以及她的完美人格。这对我而言很难。但我的确讲述了她是一个多么富有奇思妙想的人。"

　　当格蕾丝的遗体被火化时，只有史蒂夫和他们的三个孩子在场。

　　再另一个例子，朱迪选择了由她的家人和朋友们在一家优雅的活动中心举行下午茶会来举行她的葬礼。她的两个孩子参加了前一天的私人火化仪式。葬礼上没有遗体，只有朱迪的儿子蒂姆纪念母亲的一段简短的演讲。

尽管对有些人而言，一场没有仪式的葬礼让他们感觉丧失了一种能帮助他们前进的仪式。

仪式是一种重要的心理工具。近期的研究表明，即使每个社区和每种文化所拥有的惯例截然不同，但仪式本身是跨文化的。

有人担忧，因为已经远离了维多利亚时代，我们会将澡盆中的婴儿连同洗澡水一起倒掉了。

我们几乎没有什么哀悼的仪式或准则，更没有什么通用的习俗能让我们多坚持一段时间，设置一个缓冲阶段，帮助我们在葬礼结束后平缓地表达自己的悲伤。

我们的方法已经改变。我们丢弃了许多与死亡有关的仪式，但有些人认为即使不必像维多利亚时代有那么强烈的仪式感，我们仍需要恢复一些仪式。

仪式可以帮助许多人改变悲伤的方式，因为外在的庄严会投射在内心的每一个变化上。可能会有一个特定的步骤或一系列的活动来帮助实现这一点。对于一个传统的天主教徒，它可能是神父在葬礼前的交付仪式上为遗体祈福的那一刻，也可能是安魂曲弥撒、葬礼和守灵仪式产生累积效应的那一刻。

但仪式并不是非得与宗教联系在一起，也不需要如此墨守成规，以至于遏制了想象力的火花。荷兰霍夫曼·杜雅丁建筑公司就以使空间变得美丽（一种将现代与"绿色"相结合的清新之美）的想法设计了一种全新的葬礼之家的风格。它有一个专门用来贴逝者照片的区域，有一个人们可以聚集的棺椁中心，还有一个接待室。令人印象深刻的不是空间，而是设计的方式，摆脱了葬礼中经常出现的单调乏味。它是和谐的、美好的。这种方式很赞。

除开澳大利亚，英国和新西兰仍处于基督价值观文化的支配下，就像对宗教的态度一样，这一点正在改变。我们生活在一个多元社会中，许多人正在重新考虑他们的宗教观。

传统葬礼所有的方面几乎都正在面临挑战。

穆斯林（和犹太人）仍在遵守尽快埋葬死者的文化传统，这种传统源于极端炎热的气候，它与气候很匹配。很多人仍然想这样做。但另一些人选择延期埋葬，这样不仅可以让人们从远方来汇集，还可以给死者最亲近的人一些时间，让他们在葬礼的仪式之前接受失去死者的事实。一个英国人告诉我，在寒冷的气候下，仲冬死去的遗体可以在春天埋葬，因为土壤已经冻住了，这种情况在他的村庄里很普遍。还有些人认为可能会遇到这种延期。如果这个家庭想要举行葬礼并带着情感继续生活，但却因悲痛而无法控制时，困难就升级了。

在这些时日，葬礼更有可能是因为协调家人的心理和现实层面的需求而延期，而非气候的原因。为了更好、更高效的长途旅行和更便宜的机票，家人们往往住得很远。但许多人想要在葬礼上集合。像马丁·艾里什的家人，他们有时需要分别从三个大洲赶过来见面。有些人想要更多的时间，这样他们在葬礼上面对朋友们和祝福者们时能够更加镇静。他们有时需要在亲人去世之后等待 10 天的时间。

最近，一个澳大利亚家庭将他们的父亲的葬礼延期至其中一个儿子从一段计划已久的海外旅行回到家中。他的假期并未缩短，他的家人非常需要这次旅行，并且他不在的时候要做的事情还能由别人做。

他的兄弟姐妹们是开心的，没有人介意将葬礼延期。这意味着他们不仅可以一起将父亲埋葬，还让每个人的心情都更好了。

葬礼仪式提供一系列的葬礼服务，从精神的到非精神的各个层面都有。这些可以在教堂以外的场所进行。

有些仪式不需要棺椁，化学药品也可以避免。随着人们对死亡仪式的态度的改变，其他一些细节也在变化。比如，新西兰的坎特伯雷的几位灵柩俱乐部成员，对他们的棺椁进行了设计、制作、喷漆和装饰。在俱乐部的工作室里制作棺材是一项非常社会化的活动。它非但不病态，反而让人们可以敞开心扉，与其他处在同一人生阶段、有着相同思维方式的人讨论他们的葬礼。俱乐部成员们把他们装饰华丽的棺材带走，直到有人需要时才拿出来。

除了给人们提供一种非常规且比以前更实惠的葬礼服务以外，俱乐部的活动意味着成员们对葬礼的要素持有一种更强烈的控制感。

随着受新西兰模式启发的灵柩俱乐部在世界各地兴起，这种观念现在已在澳大利亚和英国等地传遍开来。

你想要一个传统的葬礼吗？你希望自己葬在一座香柏木棺材里吗？在过去我们也许感觉不合适提出这些问题，但今天已经不是这样了。

除了职业保健和安全原因，人们正在反思葬礼的方法，这主要是出于环境的考虑。比如，现在出现了环保棺椁，主要是由回收的新闻纸制成。英国和美国已经使用了近10年了。

许多人选择没有棺椁和化学药品的"绿色"葬礼，也称为"自然"葬礼。目的是减少葬礼的环境污染，尤其是减少碳排放。

通常在埋葬遗体的地方，会种下一棵树，这样身体自然分解产生的营养物质就能为这棵树施肥。我很担心如果那棵树死了，我的家人会陷入情感危机，所以我不建议这么做。不过一些企业现在正在生产可以在室内种植这种植物的容器，在容器里，身体被紧紧地包裹着，还有传感器来帮助保持植物的生长。

"绿色葬礼"是在一处称为"自然葬礼公园"的特殊墓地里进行的，这所公园提供简单的葬礼场所，以尽可能减少对自然环境的干扰。澳大利亚的一家致力于为死亡和葬礼创造更多选择的宣传组织——自然死亡宣传网，可以为那些想要自然葬礼的人提供相关信息。

自然选择宣传网也为那些想要一种"家庭引导式"葬礼的人做宣传，换句话说，这是一种由没有登记注册的葬礼司仪主持的葬礼。他们会代表逝者家属与墓地处协商，帮助墓地处做更合适的安排。

实际上，大多数地方的法律允许我们处理埋葬、火化以及葬礼所有方面的遗体准备工作，只是大多数人没有意识到这一点。

第五节 活下去

我们所爱的人的生命渗入我们的内心，成为我们永远的一部分。无论世界纷繁多变，对那些离我们远去的人，我们的内心一直涌动着爱和思念。虽然宗教的角色受到一些人的质疑，但我们与哀悼的人的精神联系仍然存在。

麦洛 68 岁时死于脑肿瘤。他去世之前写了一则关于一片叶子的故事。

"实际上我直到现在才接受他的死亡。"他的遗孀切丽说道。"我太忙了，发生了那么多事情，我把它们都推到一边。"

"关键是他从不承认死亡。即使他承认了，也是一句不屑一顾的台词。他从不做任何准备，从不愿谈论以后会发生什么，你知道的，关于什么形式的葬礼以及之类的事情。他从不问我：'你将如何安排，你认为你会怎么做？'他从未跨越死亡这个话题。"

"有天我在找东西，发现在他书房的鸽舍里有一个文件夹。里面有一个他手写的关于树叶的故事。他声称是以前在一个股票经纪人的办公室写的，他曾为那个经纪人做股票分析。但我不相信。我认为他实际上是坐在那间休息室里望着院子里的落叶时写的。"

直到麦洛临终前一个月，切丽才读到那篇故事。故事讲述了一片落叶随着寒来暑往而感到皮肤日渐干枯，它只能紧紧抓住藤蔓。

"直到那时，我才读懂那是关于他自己的故事，他正看着他自己慢慢老去。在此之后，在他去世一周年时，我看到有片落叶在窗外飞舞。屋外有些许微风，但那片叶子一直在敲打窗户，而我简直不敢相信这片落叶为何如此执着。"

"叶子就像龙卷风一直在旋转，它看似在其他静止的树叶中间跳舞。它只是在自己的微风中翩翩起舞，而它周围的事物则完全静止不动。正是叶子的这种运动，让我和麦洛立刻建立了联系。"

"我没有任何宗教信仰，我是彻底的无神论者。但此时此刻我想，那绝对不只是一片树叶。它唤起了我所有的回忆。"

妈妈在养老院时，我们一直和她玩拼字游戏，单词游戏是妈妈的大多数持久关系的核心。那时她的认知能力有较大的受损——短期记忆丧失，她无法识别我们所有人——但她仍保持着这项游戏技能，可以完整地完成这个游戏，并能成为赢家。

现在她已经在养老院，如果只有我们两个人在玩，我就会面临诱惑。有一天，我低头看着脚下的字块，字母"E"和"D"跳入我的脑中。在我的下一步行动中，他们会创造出一个完美的脚手架来达到三个单词的分数。我查了一下小抄，里面没有 ed 这个词。我查了字典，但旁边的句号告诉我这是一个缩写——而并不是一个深奥的古老的英语词汇。

妈妈在模糊词方面的功底颇深，甚至可以挑战大多数字典，因此我问她是否允许我像过去那样去做。

她睁大了眼睛信任地看着我说："是的，你当然可以。"

但我做不到。我无法利用这种反转。对于所有在拼字游戏中的虚张声势和阴险的策略来说，不诚实的游戏是没有意义的。

但母亲逐渐失去语言功能的那一刻到来了。在拼字游戏过程中，她出题 "queen"，然后当我挑战时，改成了 "quena"。我决定不去保护她。

"我认为那不是一个单词。"我说。

她撤回字块。

但一会儿之后，她为 "zoo" 赢得了 24 分，整个游戏过程中我们俩都在奋力拼搏。最终我和她以 309 ∶ 239 结束。她并没有因为输了游戏感到沮丧，而是因挑战游戏而感到充满活力。后来，她坐在那看书——那是非常罕见的情景。

我从未真正期望拥有切丽那样的经历，在一只鸟、一片叶子和一根羽毛上感受到我爱的人的灵魂，在向我走来。但那个时刻，有类似的东西真的发生在我身上了。我拿起一份《纽约新闻》报。一篇关于流行音乐和南美音乐融合的报道吸引了我。

图片标题描述了一种称为"奎纳"的南美长笛。所以毫不奇怪，我们以前一起玩的那个拼字游戏，妈妈竟然是对的。"quena" 是一个单词，现在我自然想起了它，她通过一个单词回到了我身边，绝不仅仅是一个拼字单词。

"你好，Netti。"我微笑道。

应对悲伤

第八章

悲伤的时候，我们会找到解决问题的新方法
——为了别人，也为了我们自己。

最初看似往前迈步是不可能的，更像是进一步退两步。有时，最安全的地方似乎就是床上。然后我们就到了可以铺床和躺在床头的阶段。这样我们就进步了。

第一节　丧亲之后的生活

在母亲早已宣判的死亡如期到来后，虽然我很悲伤，仍然应对了很长一段日子。与悲伤相伴的是，我深信，她现在不再有痛苦，并且她在漫长的一生中，已经找到了一种深刻的满足感。在疾病和持续的疼痛向她的人生投下阴影之前，这是她更大的人生背景。八周后，当朱利安在他的摩托车事故中去世时，我的情绪完全不同，其中有一些是完全出乎意料的。

不久之后，我产生了一种我称之为"悲伤性愤怒"的情绪。回想起来，我发现自己把在关于朱利安的死亡这件事上所有对他人的怒气都发泄在了丈夫身上。而且我发现我对朱利安撒手人寰也感到愤怒，但我很忌讳承认这一点，因此我无意中将愤怒重新定向了。这方面的宝贵见解来自一本温和的小书《应对悲伤》，这是一本关于悲伤的经典之作，我的朋友贝克送了我这本书，他认为我很需要。

回顾过去，我意识到，对死者家属的支持是多么重要，无论是正式的还是非正式的。

许多街道上都能看见支持家属的团队，简现在心烦意乱，最近也参加了一次，发现这些对她不起作用。好像任何人说的任何话都不管用。

有时挑战在于找到干预的时机。悲伤作家多丽丝·扎丹斯基在她2018 年出版的《葬礼已经结束》一书中探讨了这一问题。

她写道："葬礼之后我们关上了门，所有人的生活似乎应该回到正轨上。但常常事与愿违。当葬礼事宜结束，悲伤的家属们留下来独自伤感的时候，那正是他们需要更多的支持的时候。"

"我们怎样才能做得更好？这对我们所有人都是一个挑战。"

墨尔本斯普林代尔公墓正在解决这个问题。墓地的护理和福利中心提供瑜伽、冥想、悲伤咨询和关于遗嘱与财产规划的会议。

"我们今天的生活方式，抛弃了过去曾有的仪式、礼节和传统，所以人们有些许迷失，这种隔离感是普遍存在的。"中心管理者黛安·李在接受 ABC 电台的《生活很重要》节目采访时说道。

曾几何时，我们说若要寻找这种支持，墓地是最不可取的地方，但也许正是在墓地能感知到那些我们将要遇见并交流的人，会知道我们正在经历的幽深的黑暗。

毫无疑问，也许接受这一点是痛苦的，关于悲伤的新理论告诉我们，丧失的伤痛对一个人的成长而言是一种机遇。在我的哥哥朱利安意外死亡之后，我自己的悲伤旅程，走向了极度黑暗的道路——悲伤、沮丧、无法工作，因丈夫对待我的愤怒的方法而感到极端愤怒进而质疑婚姻，导致家庭关系的改变。所有这一切我都不想再来一次。但在这种个人痛苦中，我被逼学习，放弃固有观念，调整思维，因此我能找到再生的新道路。我去见心理医生，学习正念。我进行阅读，并去见之前不会见的人。我以一种奇怪的方式成长了。

我意识到自己的生活分为两个阶段：朱利安死前时代和朱利安死后时代。在前半部分，当我看见在大街上路踽踽独行的老人，我会觉得那个人是枯萎的、衰老的、腐朽的。而这些时日以来，每当我看见一个老人，我就问自己，他曾勇敢地经历过多少丧失的伤痛啊？！我好奇他们曾不得不亲手埋葬过多少亲朋好友。我看到的是真正的勇士。他们学会了将悲伤放手，并从放手中九死一生。他们理解了什么是孤独。

　　智者告诉我们这是丧失之痛中的积极层面。对于悲伤带来的改变，人们的想法大致是这样的：

> ➤ 生命进程的改变带来机遇。这些机遇并非你曾希求的。你正在经历的新生活可能在经历创伤事件之前并没有出现过，但矛盾的是，它会让你感觉更真实。

> ➤ 更亲密的关系和更多的同理心得到发展。在这种经历之前，我们在想到某些人或某些特定类型的人时会有些自鸣得意。现在那种自以为是不复存在，取而代之的是虚怀若谷。我们不需要我们以为的那么多魅力、财富和时尚。事实上，它们都是虚无的。而真实更有价值。

> ➤ 我们对自己的内在力量了解得更深入了；我会活下去，我可以活下去。

> ➤ 我们会更感激生活。一旦我们经历了个人悲剧（比如我们爱的人突然意外死亡）强加给我们的低谷，我们就会更加感激那些幸福的时光。

> ➤ 我们也许会迎来精神觉醒。这并非一定意味着"找到了上帝"。对有些人而言，它实际上意味着失去了上帝，但这也是某种形式的精神成长。有人认为不再拥有对上帝的浪漫化观点而获得一种更切实际的观点也是宗教发展的一部分。

在最糟糕的悲伤阶段中期——尤其是如果一次性或短期内连续发生数起丧亲事故——很难再相信生活还会变好，但若了解到大多数人将逐渐走出绝望，将会是巨大的安慰。生活会完全不同，而你会变得更好。

心理学家现在在谈论"创伤后成长"，这是 20 世纪 90 年代发展起来的一种概念。"创伤后成长"指的是你不仅仅从自己的丧亲之痛中走出来，并且因此经历了个人成长。

还会有些艺术元素。澳大利亚作者盖尔·琼斯说，人们通常认为，写作者是养尊处优的，"但实际上我们的写作是从丧失开始的。"她有一次在悉尼作家节上说道，她认为丧失和悲痛是更大的创作源泉。

2009 年，格雷汉姆牧师的儿子詹姆斯 31 岁时死于中风，格雷汉姆用他的抒情的方式说道，无论悲伤使你陷入多深的低谷，"美好的一天终会来到"。这是他表达基督精神的方式，后者认为绝望和悲痛中孕育着成长。

我们会有一种让过去的丧失定义我们的冲动，战胜这种冲动是很重要的，即使我们也许很难想象悲痛会在丧失之后减轻。正如德国思想家和心灵作家埃克哈特·托利说的："过往不能凌驾于此刻。"

北卡罗来纳州大学的心理学教授和作者理查德·泰代斯基撰写过战胜悲伤的论著，根据他的文字描述，至少 75% 的人会在他们人生的某个节点上经历精神创伤，而其中大概 1/3 的人会从经历中收获成长。可以确保成长的三种人格特征分别是：开放性、乐观性和外向性。研究者们正在询问这些特征在多大程度上是遗传的。

但无论他们得出什么结论，我们是可以活下去的。如果说生活会变得更好，这样有点过，那么至少可以说，我们能从经历中成长，即使是非常悲痛的经历。

这句话在这段生活和接下来的生活中呼应了"复活"的主题，复活是基督教信仰中希望的基础。而关于挑战、探索和重生的观念则是跨文化讲故事的课程的基础，而且在耶稣基督出生之前是显而易见的。关于伊阿宋和阿尔戈的故事以及其他古希腊神话就是例证。伊阿宋经历了探索、尝试、被伤害，然后他生存下来，胜利了，他战胜了自己。这段震撼人心的经历的结果就是他对生活有了更深的理解。

第二节 男人与悲痛

无法表达悲痛的人更易受抑郁的困扰。这在男性身上尤其明显。因为在我们的文化里，男性被要求是坚忍的、强大的和可靠的，当需要处理丧子之痛时，男性尤其痛苦。这就是之前提到过的格斯·沃兰在他的电视节目《Man Up》中把男子气概的典范放在显微镜下观察，然后发现这是有瑕疵的。

他认为坚强的人物形象——在许多文化中预设为男性——将我们的男性置于独自承受悲痛而缺乏足够支持的境地。他得出结论：男人哭吧不是罪，哭不意味着他的男子汉气概有所损害，当一个男人处于低谷时——有时是因为失去配偶而自杀——寻求他人的支持并非软弱的表现，反倒是强大的象征。然而，根深蒂固的思维和行为方式很难改变。

当悲剧降临时，家庭中的父亲们容易被忽略。男性经历悲痛和表达悲痛的方式常常异于女性。尽管我们的社会正在发生变化，父亲们正越来越多地履行家长职责，并希望他们有更多的情感表达。

"终其一生我们都在被教育说男人应该是强大的，应该照顾我们的家人，应该成为家中的顶梁柱，承担养家糊口的重任。"托尼在一个男性悲伤论坛中说道。

"我们从父亲和学校里学到了这些。而此外，我们的妻子希望我们情感更丰富，我们好像就在球场上，在特定时间就在他们需要的水平上。突然间实现模式切换是不可思议的难。这与我们一直以来受过的教育和我们的认知相反。女性之间有着多年的向彼此敞开心胸的生活经历，但这对我们男性而言要难得多。"他说。

但有时一个悲伤的父亲的问题在于，不是他看自己的方式而是别人看他的方式。

在某些工作（消防员、警察甚至药剂师）中，男性视他们的身份为保护者，在人们身处险境时接管一切。在家庭中他们常常是管理者——有时甚至他们只是挥舞着烧烤钳而已——因为他们感觉这是自己应该做的。这种心态有时会在面对他们所爱之人的死亡时表现唐突，被误解为愤怒：挫败和悲痛有时看起来像是愤怒。在我们今天的文化中，因为对家庭暴力应有的高度敏感性，一个愤怒的男人，是会被认为有问题的。

一位失去了 16 个月的女儿的年轻母亲丽贝卡·戈斯，在给《柳叶刀》杂志的一封尖锐的信中写道："朋友们和陌生人都对我和我丈夫很好。但在我女儿的葬礼的数月后，我丈夫常常被问道：'你妻子是如何面对的？'"

"但他呢？怎么没人关心他如何面对？"

她引用英国儿童丧亲组织首席执行官安·查尔默斯的句子写道："人们常常认为妻子失去了所爱之人，而丈夫则是失去了需要负责任的人。"

当我们遇到一位正值悲伤的父亲，比较好的支持他的方式可以是问一个开放性结局的问题，如已故的加文·拉金的那句："你还好吗？"这样可以避免让对方感觉有必须向我们畅所欲言的压力。

第三节　向前走的愧疚感

你会因无法前行而感到内疚吗？别内疚。

我们回到西格蒙德·弗洛伊德的一天，在所爱之人的死亡造成情感创伤之后，战胜悲伤和回到正轨被定为治疗的目标和确切的生活。对逝者的非同寻常的长期的依恋或聚焦被视为是异常的，且如果继续下去，会被建议去做心理治疗（至少对于精英分子是这样，他们有条件去做治疗）。

这一点引发了正常悲伤和异常悲伤的概念。

20世纪60年代的伊丽莎白·库布勒·罗斯提出"悲伤阶段"模式，这些阶段包括：否定、愤怒、讨价还价、抑郁和接受。这个计划被用于帮助忙碌的专业人士理解刚刚接到癌症晚期诊断通知书的人的典型反应，并为他们提供支持。这个概念后来被用于应对悲伤，所有的悲伤。

伊丽莎白·库布勒·罗斯的培训为我们所有人提供了一项伟大的服务，因为死亡已经完全脱离了生活。"二战"后的技术的迅猛发展促进了医药和医院的发展，它们开始呈现出一种更有纪律、更有进取心的气氛，这种气氛简直就是在挑战死亡。现在，如果有人死亡，在某种程度上似乎就是一个失败，一个错误。美国人倾向于认为死亡不是我们的敌人，库布勒·罗斯展示了持有这种思维方式的第一代美国人，然后我们这一代全都是。

但后来，她对"悲伤队段"理论在实际运用中机械化地变成了一种规则，感到非常遗憾。

凯特给我讲了一个故事，说明了这种基于规则去思考悲伤的方式的局限性。在忙碌的轮班结束时，她坐在一旁，护士们来到一个正在与即将到来的死亡之痛做斗争的病人面前。一名护士说道："她仍处于愤怒的阶段，她需要往前走。"

说某人必须经历某些阶段，就是说达到最后阶段会有某种奖励。但是怎么可能呢？我旅行的过程中，倾听了许多悲伤的故事，我和玛利亚谈过她的西西里传统的故事。玛利亚接连失去了父亲、外甥、母亲和丈夫。

"我丈夫帕特在他是 54 岁生日后不久就罹患脑癌。然后我的父亲去世了。我还来不及为父亲悲伤难过，因为帕特每日有多次抽搐惊厥，我不得不振作起来照顾他。不久后我的外甥突然去世，接着就是我的母亲，最后是帕特。"她说道。

玛利亚爱她的孩子们和孙女们。但她相信自己无法承受这种迭次的生离死别的打击："我看着我的孙女们。我以她们看待生命的方式看着她们，我看见了她们的天真无邪，如此的美丽。但我被隔绝了。"

她说她绝不可能从前进中获得任何奖励——当人们劝她向前走时，她感到愤怒。

现实是人们会跨过某些阶段，做他们自己的事情，表现得像他们自己。五阶段论因此被推到了一边，为新思维留出了空间。人们接受了丧亲之痛是一种复杂的凌乱的心理状态，虽然阶段理论仍然有一席之地，帮助着那些沉浸在其中的人。

悲伤专家现在不再用一个可预测的运动轨迹来谈论悲伤，不再认定从何处开始到何处结束。

但总体上，心理学家和全社会仍然希望将悲伤者推回到一种快乐充实的生活中去，但我们有权对此事持谨慎态度，我们需要在准备好后再重新投入。

第四节 何时带着悲伤寻求帮助

心理学家们现在发现，在死亡刚刚发生时，人们处于情绪反应模式（崩溃、痛哭、久躺无法离床、认为是"糟糕的日子"）和行为反应模式（向前进、出门到处逛、回到工作中、在一天中完成小目标、然后是大目标）的切换之中，而不是处于看见的阶段。

众所周知，人们可以在这两种反应模式中随机切换，而且没有固定的顺序。总体而言，如果人们在重建一种有意义的生活方面有所进步——不一定是以前的那种生活——那么心理学家们就对他们将逐渐渡过悲伤并走向一种安全的情感之所有信心。

如果健康但悲伤的人不想要或者认为自己不需要，那么求助于心理咨询师并不能很好地帮助他们应对可怕的痛苦的经历。一些专家甚至认为将那些认为自己应付得来的人送去进行心理咨询是有害的，而且是时间和金钱的浪费。

大约 10% 的人会有强烈的悲伤反应，通常会持续超过 6 个月。如果这种长时间的丧亲之痛持续时间超过 12 个月，则被视为异常。

这和"复杂悲伤"是一回事，心理学家现在更喜欢用这个词，因为这种表达没有价值判断属性，并更精准地反映了人们的悲伤中还有多种因素。一个在短期内接连送走了姐姐、母亲和孩子的女人，就比另一个只经历了单个亲人离世的女人的情况更复杂。

人们由于长时间的悲伤而产生精神或身体上的痛苦，心理学家们讨论了持久悲伤的顺序。这种痛苦包括睡眠困扰、高血压和患癌风险增高以及药物滥用。在亲友去世后的若干年内，这些痛苦会发展成他们自己的、独立的身体或心理问题，但每个案例中他们的问题都可追根溯源于他们经历过的某一次亲友死亡或亲身濒临死亡事件。

许多人对于将悲伤医疗化表示担忧。如果悲伤是一个需要解决的问题，那么这是否意味着我们将从一家制药公司获得最新的药物以帮助"解决"这个问题？

有时，使用某种药物以解决情绪问题是正确的。但关于是否采用咨询治疗会有更好的疗效的说法仍有许多争议。相关研究提醒人们，接受不当的心理治疗比简单的不动脑子的吃药要糟糕。近期对一系列研究的回顾得出结论，总而言之，药物治疗和心理治疗在疗效方面没有太大的区别。不过，最近的一位评论者认为我们需要谨慎，因为社区环境中对服用抗抑郁剂的患者的护理水平要远远低于在药物试验中的水平。

抗抑郁剂能用于治疗悲伤吗？当然，治疗师会以一种不同的方式来应对悲伤，以确保它不会变得异常或持久。

这是一个难题，只有与医生合作的个人才能判断。然而，与美国专家相比，澳大利亚的同行更倾向于推荐咨询治疗。在应对悲伤方面尤其如此。

宗教问题如何呢？有一种潜流认为悲伤是一种罪，一种软弱的表现，应当受到惩罚，丽贝卡·戈斯在她发表在《柳叶刀》中的论文中这样写道。文中她还谈论了人们对待她丈夫的悲伤的态度。

今天的心理学家首次谈论了多年以来不曾有过的一个观念，即悲

伤的缓解并不必然包括对逝者"放手"。人们想要维系他们与逝者的
联系是可以的吗？学术研究者们在这个问题上颇有分歧。但除了这一
点——也许是因为这一点——在研究报告中，多达 50% 的人在被问到
这个问题时，他们的答案是相信逝者在死后仍然可以存在。

很少有人承认感觉到某个已经去世的人的存在，因为这在我们的
文化中是不能接受的。但如果这是一个疗愈体系呢，即使人们对此知
之甚少？

克里斯多夫·霍尔指出，今天的心理学家更加意识到与逝者的联
系——无论这种联系是一种记忆，还是一种坚定的信念，相信人们哀
悼的那个人并未真正离去。

我的嫂子玛丽在我的哥哥朱利安去世很久后一直在说他还在，现
在仍然如此。最初这吓到我了，我不喜欢她这么说，但现在我接受了，
因为这可以帮助她应对他的离去。她是虔诚的宗教信徒，并在他的死
中找到了意义，相信他会引导她、她的家人和其他人应对他们的问题，
尤其是婚姻问题。

这种相信他仍与她在一起的坚定信念，帮助她在最初的那段日子
里管理好自己的悲伤。这是不可动摇的信念，并将继续塑造她的生活。

在较小的范围内，2017 年布莱恩和他的妻子简为他们的女儿金
姆举行了葬礼。布莱恩相信，在应对女儿的死亡这件事上，自己比妻
子简更好，因为他相信金姆仍然活着。"她并没有真正离去。我一直
在和她对话——她也给了我回应。上周我看着镜子中的自己，金姆说
道：'那条领带很难看。爸爸，摘下它换另一条吧。'于是我照她的话
做了。"

很多人说他们想表达对死者的看法。当我们在那些想要谈论逝者
的人面前感到不舒服时，他们经常会感到痛苦和愤怒。我们需要意识

到，悲伤心理学专家认为希望逝者永存的想法并非疯狂或愚蠢。抑郁与悲伤是可以分离的。这两种状态看似很相似，而悲伤可以转化为抑郁。

有一个关键的问题是，人们是否看似在寻找一种途径，以他们自己的时间表，去理解悲伤者的经历。这是一种很难表达的想法，但有时悲伤会将我们引向一种对生活的新理解。不管身边有多少人，从事件发生到通过对过去的洞察而获得平衡，这段时间也许是可怕和孤独的。但如果人们能将他们的悲伤经历赋予意义，将帮助他们恢复。

有许多需要考虑的方面。但这里有一些支持悲伤者的简单要点：

> 如果某人的状态看似没有变好，不要过度担忧；不要感觉你必须催促他们。

> 如果你担心他们在长时间的绝望中仍然不能继续前进，问问他们的悲伤是否已经变成了抑郁。请注意他们可能拒绝尝试走向别处。

> 和他们在一起。

第五节　如何与正处于悲伤的人交谈

这里从 helpguide.org mental and emotional health 网址中摘录了一些好建议：

➤ 不要因为害怕说错话、做错事而停止伸出援手。

➤ 让你所爱的、正处于悲伤的人知道，你正在那里准备好了倾听。

➤ 要理解每个人的悲伤都是不同的，时间也有长有短。

➤ 以实际的方式提供帮助。

➤ 在葬礼后持续支持他们。

博客作者莎拉·帕尔门特在网站 LifeHacker.com.au 上发表了文章《关于悲伤没有人告诉你的事情》，提出了一些有价值的观点：

不要说"有任何需要我做的，请大声说出来／请给我打电话"之类的话。

你要主动提出做一些事情，任何事情，实实在在的事情。"我能过来喝杯咖啡吗？"或者"我能从超市带点什么给你吗？"——任何实际的事情。你要知道"有任何需要我做的，请给我电话"这句话就相当于"我不知道说什么，也不打算做任何事情"。不要将你自己置于那种境地。

我对她提出的一些诀窍进行了归类总结，如下：

➢ 要理解你现在正面对的人正处于心智混乱状态。

➢ 任何事情都能让悲伤的人进入情绪下降的旋涡。但常常和他们谈谈失去的所爱的人会给他们带来平静——然而实际生活中，人们常常回避这件事。

➢ 与悲伤者谈论可能会触发悲伤的因素。通常悲伤爆发时是因为有与死亡相关的诱因。我的诱发因素是救护车或警报器。了解这些诱因不是为了让你在悲伤的人面前如履薄冰，也不是为了照顾他们，而是为了便于理解诱因出现而导致悲伤者的行为改变。

➢ 如果悲伤者试图告诉你行为上的改变。或者他们注意到自己处理问题的方式有所不同，那你就听着。专心地读懂他们字里行间的意思。

➢ 明白他们也能完全正常地工作。

➢ 应对哭泣。他们几乎使得所有人感觉不舒服，难道不是吗？有一次，一个人使劲摇晃我，告诉我，我必须控制住自己，继续前进（在我母亲去世三周以后），而其他人坐在那里安静地倾听，递着纸巾。在你把自己置于可能发生哭泣的情况之前，了解如何应对哭泣的人会有所帮助。

➢ 记住，友谊会因悲伤者的经历而发生变化。正处于悲伤的人的感受会异于过去。在面对了巨大的丧亲之痛后，他们也许会对那些不了解这种感觉的人感到不耐烦。对那些正悲伤着的人而言，其他人的生活是微不足道的。

这个人生气了吗？有时他们会对上帝生气，因为他带走了他们所爱的人；有时会对世界生气，因为世界不像他们那样悲伤，不会像他们那样停下来；有时会对其他人生气，因为那些人无视自己的空虚，依然忙碌地生活着；最难的是，对逝者生气，这是最难处理的。因为当他们表达出这种愤怒时会令他人震惊。

有时悲伤着的人正在同时经历所有这些愤怒。

这种愤怒考验着每一个人，包括悲伤者和那些试图应对他们的人。因此有些关系会改变，有些感情会失去，而有些会变得更好。如果配偶对悲伤的反应不同，他们之间的关系也会改变。

在这个问题上还需要考虑另一种人：提前进入悲伤的人，因为他们知道自己会很快死去。也许这类人是最难交谈的人。

他们的旅程是痛苦的。这使得我们自己的忧虑显得愚蠢。然而当我的朋友海伦娜临终之前，她总是找我聊一些我们以前一定会痛斥的话题。她说："这种对话是我想要的，这种对话是我怀念的。"

当我们开始回顾往昔，我们发现传统文化的支撑结构已发生变化：隔壁的邻居和我们在同一时间洗衣服，善良的牧师做好了准备为我们的信仰祈祷和祝福。我们如何取代这些？

让我们在自己的社区里来寻找一种文化解决途径。社区的定义已经发生变化，但社区的需求仍然不变。以前，我们会在收到来自同一教堂的一位教区居民的邀请后，在当地教堂的大厅里参加手工艺小组，而现在，编织小组可以通过你手机上的应用程序找到。

有时社交媒体会被视为一种威胁——尤其当我们看见它们在未经过授权的情况下挖掘我们的数据，或者我们将其可为警察服务的潜在用途视为社交控制。但我们也可以将其作为一种公益的力量来行使。矛盾的是，我们可以用它来创造有意义的社区。比如，stitch.net 就是一种年龄在 50 岁以上的人使用的社交网络社区。它的目标不在全球，而是在本地人们之间创造一种联络平台。

还有 Meetup，它是一个其会员用来邀请其他人参加活动的平台。比如，你可能去 meetup.com 寻找一个周末一起骑车的团体，或者找一个一起参加马拉松训练的团体，或者学习做饭的团体。

如果你想在本地工作的话，看看本地的图书馆能提供些什么。曾经有段时间图书馆对阅读和"保持安静！"有严格的限制。今天它们被视为重要的社交中心。图书馆常常组织图书俱乐部以及其他社交团体。

你遇见的人会来自不同的地方，你接触到的观点可能不是你希望的。但那里有与他人通过参加活动一起成长的机会。App 并没有取代联络的机会，它只是改变了方式。记住，不要混淆了连通（性）联络的意义。

第六节　孩子的悲伤

认为孩子应该——或者说能够——被保护好，让他们远离悲伤的信念正在受到挑战。事实上，有一种强有力的观点认为，孩子们有越多的机会谈论他们所爱的人的死亡，他们就越能积极应对。

多丽丝·扎丹斯基在她的著作《死亡是什么？》一书中指出，成年人常常并不知道如何对孩子讲述死亡，因为他们自己也想不明白。

她在书中写了以下要点：

➢ 父母们总体上低估了将死亡讯息告知孩子的必要性。

➢ 孩子们也需要能够分担家庭的悲伤。

➢ 与逝者告别的机会非常重要。

➢ 孩子的悲伤将包括许多问题——当他们有足够的安全感去表达自己的意愿。

➢ 学校能够起到帮助的作用——但需要给他们很好的建议来教他们怎么做。

➢ 孩子们在多年以后仍会记得这一次亲人死亡的细节。

➢ 当成年人看似不再悲伤，比如，当他们恢复了正常的工作时，孩子们会感到困惑。

　　孩子们最有可能问两个问题：死亡是什么？人为什么会死？最好的答案是最简单的那个。比如，"当人死时，所有在他身体里的东西都停止了"。

　　我们需要用简单的、具体的词句，并准备好重复我们的答案。

第七节　青少年的悲伤

青少年时期都有一段猛长期（身体的、情绪的、心理的），一段带着孩童的需求去应对成年人的责任的时期。这是一个高强度的时期。

"青少年处于一段探索未知的考验期——性与毒品、有时是同辈的死亡——所有这一切可以将他们带入复杂的意识中。"齐尼思·比拉哥说道。

在葬礼领域，同辈的探索已经不知不觉地走得很远了，比拉哥一直很支持青少年，当其他人在努力尝试寻找边界时，我们需要给青少年机会去学习这门功课。

我采访到了一些青少年的悲伤故事，经历了巨大丧失（比如父母去世）的未成年的孩子的故事。

我的侄子埃文，他父亲在摩托车事故中去世时，他才不到 14 岁，这场车祸改变了他们的生活。他的哥哥克里斯提当时 17 岁，他的姐姐克莱儿正好 14 岁，他们都太年轻，无法应对这种巨大的丧失。而现在，19 岁的埃文仍对父亲去世的那天记忆犹新。

"当我听到他发生了车祸，我的第一反应是不要恐慌。"埃文说道，"我的感觉是他在镇上的某个拐弯处被撞了，摔断了一条腿。当我的母亲和哥哥克里斯提看完他回来时，他们就在马路上抓毯子。我想那是因为他很冷，而不是因为他正在流血。"

这是他最近才能和克里斯提谈论的事情。

"我没有意识到那有多么糟糕，直到我们去了医院。当一名护士告诉我他有可能会死，那时我才开始恐慌。"他说道。

时间静止了，有一些他记不起来的漏洞。

"然后，在医院的等候室里，一个朋友和一名医生分别架着我的一只胳膊，妈妈开始尖叫，这就是之后 15 分钟发生的事情。那个时刻简直就是噩梦降临，魔幻的时刻。"他说道。

这则消息直接让他晕头转向，好不容易清醒过来，他开始想到他的父亲，并感觉到那个噩耗的强度，他开始意识到这件事的影响，并担心别人会如何看待他和他的家人——他将获得许多他无法应对的关注。这一点给那次经历增加了他不曾预期的复杂程度。也许这是成年人在应对青少年的悲伤时该知道的一些事。

"我担心大家会发现——我的朋友和家人、所有的老师、所有镇上的人。"他回想到，"我能预见将会发生什么。将父亲的死讯告诉别人就像是在等待下一击，一次又一次地告诉别人，我会一遍又一遍地被击倒。每次我都感觉我的胃开始下坠。我感觉像是快要被勒死了，在等待断气的那一刻。"

"即使是去理发时，理发师也问我在哪里上学，当我准备告诉她时，她说，'你知道那所学校有一名刚刚在车祸中死去的老师吗？'我告诉她那就是我的父亲。她一开始没听懂我说的话。"

"他是你的美术老师？"

"不，他是我的父亲。"

"然后她弯腰向我道歉，那个时刻很煎熬。她很难过，场面很尴尬，但我不得不控制住局面。"

就在埃文想溜出去剪个头发、想从悲伤中走走神、不想让自己的痛苦引人注目的时候，他觉得自己受到了审视。他迅速意识到，这种事情会持续发生，"我只是不得不一次又一次地经历那些，看见人们一次又一次的同样的反应"。

每当此类情景发生的时候，当他看到其他人努力应对时，都在提醒他自己失去了父亲。

但他现在很赞同他身边的成年人的处理方式。

"我想躲起来，但我也知道如果我真的这么做了，事情只会更糟。我将无法看到大家的感受，而大家将无法让我知道他们在乎我。"

即使是现在，父亲已经去世六年了，他仍然很受伤："它是极少数对我真正造成极大伤害的事情，就像布置餐桌时空了一个位置，少了一副刀叉。"

"悲伤并没有消失。它只是变得缓和些了——也许这并不是最恰当的表达。"埃文说道。

有些事情改变了。我记得大人说话时将他排除在外，认为他太年轻而无法应对，对此埃文感到愤怒。他不认同他们那么做。

"事情本身就很糟糕了，所以其实与身边的大人之间的交流互动对我是很有帮助的，真的。我想不出还有什么事情是不一样的。"

"那个时刻，我不想被大家宠爱，我最不希望的事情就是作为一个失去父亲的孩子成为人们关注的焦点。但同时，我知道我也需要这些。大家都密切注视着我。"

"最先做的一件事情就是我在母亲工作的医院里遇见了一个儿童悲伤咨询师。我很艰难地向她敞开，因为我是一个有着如此不可思议经历的十几岁男孩，而且我有着所有青少年的早期症状。"

"我感觉似乎父亲去世之后，我的哥哥姐姐迅速长大了，而我却相反。我变得没有安全感，对所有事情都害怕——所有以前我害怕的事情都在父亲去世后放大了。我对做任何事情都感到恐惧，完全依赖妈妈。我的心态是：如果我不做任何事，那么不会有什么伤害到我。我不想尝试任何新事物，去任何新地方。我被发生在父亲身上的事情吓坏了。"

"父亲是我所在学校的一名教师，这一点又是一个附加因素。我渡过了一个真正的身份危机，因为学校里所有人都知道我是赖斯先生的儿子，现在我必须得成长起来，成为已经去世的赖斯先生的儿子。在那种环境下，我无处可逃。"

"所以我的思维很复杂、很混乱。我觉得我就像陈列馆里的展示品，大家小心翼翼地对待我，我周围的大人和小孩被告知，除非他们能说些好听的，否则就不要和我说话，这让人感觉不真实。从一开始，我就能感觉到。"

"回首那段日子，我觉得谁也没有做错什么。只是当时的形势不可避免。"

"在我向成年人迈进的时候，悲伤贯穿了我整个青春期。因此对我而言，它们是一起的——作为一个人的成长和从父亲的死亡中挣扎的成长。它们齐头并进，携手前行。所以我一直在想如果我能做到，我会有什么不同。"

对其他那些有相同处境的人，我想说，所有的一切——你想要做什么，你想要成为什么样的人，都在那一次事故后完全改变了。那是不可避免的，但所有你能做的就是与它同在。你将在这次事故的影响下成长，但请努力不要被它吓坏了，让它按照自己的规律存在，而你不要感到无助和绝望。

当我们自己的死亡来临

第九章

为我们自己的死亡做好计划

我们要提前做计划，把我们所学到的知识付诸实践，于人于己都不无裨益。

伴随着死亡，有些事情发生了。我们现在能更多考虑自己的死亡，而且我们更乐于为自己的死亡做一些计划。

为自己的死亡做计划或许有点难以面对，所以下面我要说的可能会使您感觉不适。那么安抚一下自己，给自己泡一杯茶，其间可以暂停，为自己做一些温柔的事情，甚至可以和你的朋友讨论一下我将要在以下几章要说的东西。

为死亡做计划需面对许多重大而且具有挑战性的问题，这些问题涉及你的信仰以及怎样度过余生。其始于一个类似管家风格的清单，所以让我们先从更多具体的事情谈起。

第一节　建立一个非医学的目录清单

非常矛盾，为了有一个简单的直截了当的死亡，我们必须最大限度管理好我们的理性，我们需要做提前规划。就像 17 世纪法国诗人让·德·拉封丹（Jean de La Fontaine）曾经写的那样："死神不会让聪明人受惊吓，因为聪明人早已做好了这方面的准备。"

有些人不喜欢为死亡做计划的想法，甚至从未考虑过。这是一种生活方式，但也会导致一些弊端，更糟糕的是会导致持续的压力。而这些本来都可以不发生。为优质死亡做好计划，既可以避免无谓的困扰，也可以实现个人的意愿。

如要为死亡做计划，多早算早呢？宗教人士或者毕生奉献于精神信仰的人会说，越早越好，再怎么早都不为过。

但是我们并不总是关注虚无缥缈的东西，对于大部分人来说什么是最好的时间呢？这个时间要比我们任何一个人想要做计划的时间还要早得多。

提前计划是第一步。因为如果要保证接下来的步骤能顺利实施，那么提前一点（有时需要提前很多）做计划是必需的。在这个讨论中，提前计划比其他的事情更重要。

我们每个人都有可能会突然死于一场事故或者一种意想不到的疾

病。因此，我们应该至少留下几句话，即便不那么正式。好的方面是现在的渠道众多，通过电脑或其他电子产品，我们的阅读、学习和计划都能在网络上做，所以我们可以在家里做这些。我们可以将自己的想法剪切和粘贴在我们的记事本上，然后留下网络链接。如果你不太精通电脑，那也没有问题。还有其他的方式来收集需要的信息。

所做的计划文件主要取决于你的性格和个人选择。但是你留给朋友和家人的内容描述得越详细，他们就越能顺利地遵循你的愿望。

提前计划将帮助那些为我们处理身后事的人，使其做起来容易一些。留给后人一个烂摊子的现象已司空见惯，有些人对此并不介意，但是还有许多人希望死后不给他人带来麻烦。

当瓦妮莎的妈妈被诊断出患有绝症的时候，她告诉全家人她所有的文件都在她图书馆桌子的抽屉里。她死后，就可以去寻找这些文件。她的家人都很震惊和悲伤。

"我无法用语言表达，她整理好这些东西对我们来说是一个多么大的礼物。当我打开图书馆桌子抽屉的时候，里面空空的，只有这些文件。她把重要的东西都放在一个地方。她去掉了一切对我们的责任和计划无关紧要的东西。"

瓦妮莎说道，"我有朋友和我处于相同的境地，但是因为一切都杂乱无章，他们花了几周时间，甚至通宵达旦地，试着把这些东西分类。我很感激妈妈最后这个重要的行动。听起来很无聊和琐碎，但是当我坐在桌子旁边工作的时候，看到这一堆整理好的文件，我感受到了她的爱。"

继承法律师米歇尔·约翰逊认为应该为家人留下必要的信息，这很重要。这不仅仅是财务信息之类的实用信息，还有一些其他的比较抽象的信息。

"从法律角度来看，有助于资产管理的细节相信再怎么高估都不为过。事实上这些可以帮助家庭成员和其他人在处理情感等敏感问题时不用再费心去搜索记录，能够将死亡证明和遗嘱认证申请同时完成。"

"当你在准备葬礼的时候，你可能很难集中精力专注于这些文件，所以这真的是一件能为你的家人做的无价的有益的事情。"

"还有另外一种信息——情感的。"米歇尔说道。

"安慰的话语是很珍贵的，并且这些想法和安慰绝不能被低估。"

米歇尔说她在工作中注意到战争中的老兵留下他们的信息的方式。她发现真的很令人感动。因为年轻人要走上战场，他们经常被迫在年纪轻轻时就面临必死的命运。

"我经常能够通过他们留遗嘱的方式分辨出某人是澳大利亚空军还是英国皇家空军，这些字条通常以'当时间到了''如果你读到这张字条时''这些事情你应该知道'这些话开始。"

"不仅是财务等细节信息，还有一些深含爱意的文件被留在顶层的抽屉里或者家里的《圣经》里，包括安魂曲和悼词。"

"我们都有必要读一读陈列在战争博物馆里的这些漂亮的信件，它们都出自年轻的空军战士之手，读完才了解他们为我们今天的舒适生活付出过多少艰辛。"

一个年轻人这样说道："如果我死于飞行，我愿来生仍做飞行员——飞行是自由的最纯洁的形式。"

米歇尔的继父留下一张这样的字条："我将永远珍视它，因为它让我知道我们的关系对他有多重要。"

第二节　安置好你的文件

让我们为你的家人所需要的东西列一个清单。把它们分列两项是一个好方法，一个是重要的文件和记录（外层），另外一个是与死亡直接相关的内容（内层）：

外层：

1 出生证明与结婚证明

2 财产证明与租赁协议

3 保险文件

4 贷款

5 银行账户

6 投资（包括退休金）

内层：

1 你的愿望

2 律师

3 决策替代者——名字和联系方式

4 你的预先医疗照护指示

重要的文件，比如出生证和结婚证，财产证明或者租赁协议，保险文件和银行账号细节以及其他的投资或者债务文件都应该保存在一起。

把所有的文件放在一个地方的同一个文件夹里，不仅仅对于需要它们的家人来说很重要，对自己而言也是很受益的。设想一下，如果你临时需要收拾一大堆文件带走，这时你就不用到处去找这些文件了。

我们可以建立自己的文件夹，按照自己的需要分门别类。也可以从文具店买个现成的文件夹，将它们分门别类如下：

1 证明——出生证明、结婚证明、护照

2 健康——免疫、医疗记录

3 家庭——名头、租赁、保险

4 财经——银行、股份、退休金

5 职业——合同、简历、推荐信

6 教育——文凭证书、合格证

7 遗嘱——法律记录、表格

8 税务——收益、群体证书、税务档案号码

作为死亡艺术计划的一部分，你想要确保你的亲信知道你的文件夹保存在何处。

列一个清单记录所有的财务信息和保险文件。将这个文件复制给你的伙伴或者你希望由其处理你的身后事务的其他人。再一次强调，这些对于你的需要应该是最便利的方法。

不要把任何密码，尤其是网络银行密码放在列表里。但是务必记录你的所有账户号码，比如你的账号和开户行行号（但不是密码）。

也可以加上你的：

税务档案号码

澳大利亚商业编号

如果将上述这两项列在表上，对于有关当局帮助家人追踪财产和

债务就容易得多了。

列表须包括你所有的保险，如职业、生活、家庭、目录、汽车以及第三方公共债务，并附上所有的截止日期。如果你的账单没有设置自动扣款时间，列表上的日期会帮助你更加容易地还款。

列表上还要有退休金和所有贷款细目。有一些贷款，比如个人贷款，在你死后就截止了，而其他的贷款，比如信用卡贷款，将会以某种形式转移给你的财产继承人。这样对于处理你的财务状况的人会有真正的帮助。如果在贷款文件上有共同签名的话，那么其中的债务责任自然落在共同签名人身上了。

在每一份保单的名称旁边，最好能有出具该保单的公司联系人的名字和直接电话，以便你的家人在需要的时候可以和他们直接通话。

尽管如此还是要注意信息安全。如果你担心重要文件收集在一起容易失窃的话，或许你应该把它们藏在一个隐蔽的地方，而不是写字台的主抽屉里。比如藏在衣橱的中间抽屉。但是如果你做这些事情的话，必须要让你的亲信知道它们的藏身之处。有些人选择藏在银行的保险箱里，但现在这么做的人不多。

你也可以把这些文件上传到云空间进行备份。但当你做这些事情的时候要确保电脑的安全。

无论是手写的还是电子的文件，如果你对文件的安全性有任何一丝怀疑，都要向当地的犯罪预防警官交流此事。在新南威尔士州，这些分布在不同地区的官员都乐于与个人或者集体交谈。

为了让你安心，这些在忙碌的新南威尔士州的犯罪预防警官说道，这些文件通常不是破门而入的抢劫犯的目标。（他们的目标是金子或者金块。）大部分的身份信息窃取者都是在网络进行他们的勾当，而不是偷这些真正的文件。

第三节　当你死的时候，家人应该通知谁？

把你想要通知的人名列个表。如果你的家人是第一次做这些事情，可能很难列出这个表来，当他们悲伤的时候做这件事情可能会双倍的艰难。当他们处理自己的悲伤和损失以及计划葬礼的时候，他们可能感觉没有必要通知谁，况且这也是他们最不愿意考虑的事情。

但是通过让一些人和机构知道你的死亡，将会阻止这些机构发送不必要的邮件以及打那些让人恼火的电话。一些机构，比如银行，需要知道客户的生命情况，这样他们就能够有效发放资金或者发布重要的信息。

这些机构通常需要正式的书面死亡文件，比如死亡证明。

其他机构可能需要知道你的其他死亡信息：

信用卡公司

雇主

健康职业经理人

保险公司

当地委员会

公用事业公司如电力公司、燃气公司和电话公司

上述这些可能看上去多余，但是它确实有用。

　　我的朋友克莉丝汀讲了一个发生在朋友的朋友身上的故事。我们无法区分它是不是一个都市神话。不过真假无关紧要，它只是表现了一种极度的惊恐。她听说了一对苏格兰夫妇去欧洲旅游的故事。在出发前最后一分钟，80 岁的马布尔问是否可以加入他们。他们开车去多佛追赶经过英吉利海峡的游船，直到那一刻才意识到马布尔没有带护照。他们决定让马布尔藏在马车的车厢里偷渡过去，但是当他们到达加来市的时候，马布尔死了。他们立刻回到伦敦向警察局报告死讯。然而当他们在警察局的时候车被偷了，马布尔消失了，车再也找不到了。

　　这个故事的精髓就是：有可能死亡发生时，没有任何征兆。这看起来似乎不可能，但事实是，这个故事的传述表明了我们心中的一种深深的恐惧——那就是我们的死亡有可能没有被记录，没有被记载，我们可能就这么消失了。不过想到一般情况下很难遇上这种状况，就令人感到欣慰。

第四节　遗嘱和委托书

你如何为后人列出计划将产生巨大的影响。遗嘱应该很早就是计划的一部分。最理想的情况是当你有家庭成员支持你的时候，制定最初的遗嘱，然后在你后来的一生中定期更新它。用这种方式处理，当你老了的时候它便不再是一种压力，而是一种你已习以为常并倍感欣慰的状态。

遗嘱是一种法律条约和书面证明，上面写有你死后财产继承者的名字。在没有遗嘱的情况下，你的财产和所有东西都会被瓜分。但是如果你定了遗嘱，你就可以将你的财产按照你希望的方式分配而不是由法律制度制定的方式分配。

遗嘱必须在自由的意志下书写，也就是说立遗嘱时不能被强迫或者被过分影响，遗嘱必须由你在通常是两个见证人的面前签署，见证人也要签名才可以生效。见证人不能是利益相关人员，否则遗嘱无效。

立好遗嘱之后，若需要更改，则须再另立遗嘱附录或者立新的遗嘱。

确保你的遗嘱有法律效力的最实际的方法是先向律师咨询并且让他们给出专业的意见。立遗嘱的时候许多问题都要考虑周全，比如预期的遗嘱执行人的适合性，资产的性质和所有权，对未成年子女的照顾以及葬礼说明书。

你需要把遗嘱保存在起草的律师那里，因为原件很容易丢失。过去通常将遗嘱保存在银行的保险柜里，但是今天已经不太可能，因为银行更倾向于线上操作。请确保你拥有复印件。

你的遗嘱执行人或者遗嘱执行团是你提名的一个或者多个合法执行者，也就是说由他们遵循你在遗嘱中勾画的愿望去执行。他们可能是家庭成员或者是遗嘱的受益者。看起来似乎很理所应当，但是在立遗嘱前你需要问问潜在的遗嘱执行人是否能够胜任此角色，因为在你死后他们可能会代表你做很多的工作。

这些人应该有遗嘱的复印件，因为当你死后他们是让遗嘱生效的人。他们的第一个工作就是找到你的遗嘱的原件。

记住，一旦写好了遗嘱，随着时间的流逝你可能会修改它。不要期望能够在电话中完成此事。当你告诉你的律师你想修改遗嘱，律师会建议你去他们的办公室谈论此事，这是最基本的原则，所以不要觉得不方便或者认为这是他们赚钱的借口。

你的律师必须确信你是心智健全的，无论你是第一次还是最后一次书写遗嘱。可能会在面对面的交谈中他们才能够全面考量你的心智状态，判断你是否有能力签署一个遗嘱。做一份关于你是完全心智健全的评估是他们在此过程中的重要责任，不管你以前见过他们多少次，每次重写遗嘱都必须要小心翼翼地周全地做，这样做的目的是保护你的利益和确保你的遗嘱有效。

一个人的心智能力比它最初呈现出来的样子要更加微妙和复杂。律师考查的是人的法律能力、精神能力还是身体能力呢？其实它们可能只是在当地购物中心买东西的能力，而不是像买卖股票的进行财经交易的能力。

法庭上一直有关于心智能力以及有人是否拥有它的争论，以至于有时案子一路打到了最高法院，这就意味着许多律师曾经争论过此事，所以正确的答案并非是那么显而易见的，也许有针锋相对的两方在极力争论它。但是在大多数情况下它可能是直截了当的，当立遗嘱的时候，当签署法律委托书的时候，当签署监护文书或者替代的决定性文件的时候，我们需要健全的心智能力来做决定，当我们脆弱的时候也需要它来保护我们。

最基本的问题是这个人是否理解他们所做的事情的普适性。一份有效的遗嘱必须是由一个心智健全的、记忆力和理解力都正常的人来做。立遗嘱的人一定理解制定遗嘱的法则，也理解他（她）的财产应该在遗嘱中分配给谁。

如果律师很难决定此事，那么他会寻求许多专家的意见，比如心理学家、老年医学专家或者本地区医院的老年护理评估协会。

遗嘱认证是决定遗嘱的有效性并且管理逝者财产分配的一个法律领域。

无论何时，财产是死者留给亲属的遗产。遗嘱认证程序由法院监督和管理，确保业权契约正确地从死者名下转移到遗产继承人名下。

第五节 反驳遗嘱

许多遗嘱遭到了令人震惊的反驳，这使得遗嘱认证成为一个繁忙的法律领域。很多情况是因为，兄弟姐妹期望父母的分配财产是公平的，但是他们不同意所谓的"公平"。

澳大利亚、新西兰和英国的律师都认为反驳遗嘱事件增长的主要因素是再婚的频率增加，导致了许多家庭的重组，产生了非血缘的父子关系、兄弟姐妹关系。立法的变化也着重加强了保护独立的第二个妻子的权利，比如新南威尔士州的《继承法2006》（2008年进行了修正）。

一般来讲，子女（包括年龄很大的成年孩子）拥有维持生活、接受教育以及延续生命的权利，在继承法中有这样的条款。这就是众所周知的"家庭条款"。但这种权利没有延伸到死者的兄弟姐妹。

澳大利亚各地的遗嘱立法为符合特定标准的人提供了一个框架，以向法院主张获得一份或更多遗产份额。这些法律条款各有差异，具体情况要查询当地的法律。

新南威尔士州执行的是《继承法2006》。在此法下，条款中有资格的人包括死者的配偶、子女、前配偶、依靠死者生活的人或者死者的家庭成员。

新西兰在家庭条款方面处于领先地位，于 1990 年制定了法律。它打破了先前的"遗嘱自由"概念——即一个人可以把他的财产留给他想给的任何一个人。在那样一个时代，如果父亲死了，而母亲没有工作，家庭很容易变得贫困交加，这些法律确保了父亲对孩子的责任。相似的法律随后在澳大利亚和英国被采用。

遗嘱里的财产是子女应得的还是你送给他们的礼物？这个问题将我们带到许多昂贵的遗嘱大战的核心上来。如果你因为某个子女没有为家庭做贡献，或者因为他（她）疏远了家庭造成了你的伤心难过，而决定将他（她）排除在遗嘱之外，你可以在遗嘱中插入一个条款以保护你的这个决定，并解释你这么做的原因。因为疏远是个法律术语，当法官需要决定是否应该介入你分配财产的方式时，法庭会对疏远的情况予以考虑。

但是还有一些值得考虑的非法律方面的事情。你做的决定可能会在孩子们中间引起新一轮的纷争和伤心难过，并在你临终之前造成不必要的紧张家庭气氛，因为任何变化都会引起他们的财产变动。

这种性质的法律争斗付出的代价是昂贵的。要考虑到经济利益是否高于成本。而对大多数家庭而言，更重要的是，经济利益是否能弥补情感的损失。

将某个孩子排除在遗嘱范围外的另一个原因是，当一些孩子在遗嘱范围内的经济状况比其他人好时，人们会感到不公平。新南威尔士州律师特雷泽卡坦查立第看到一些潜在客户，认为他们的父母对另一个孩子太偏心了。但是随着时间的流逝，当她回顾这个情形就明白了，父母是为了给经济状况不好的孩子以更大的安全感。从法律的角度看这是很理性的，她解释道。

"这就是我所谓的妈妈熊情结，比如我有一个孩子很优秀，而另一个孩子资质平庸，等我去世后，我不能再照顾那个资质平庸的孩子，也没有其他人照顾他。所以我需要为那个平庸的孩子多做一些，这是我最后能为他做的事情。"

"这通常与其他子女的期望不一致，后者努力工作了一辈子，实现了他们的财务自由，并希望他们的劳动得到父母的认可。"

她说如果人们把遗嘱中的遗留财产看作意外之财会更好。

"有时候人们感觉遭到父母的背叛，并谴责自己的兄弟姐妹，这时我不得不提醒他们，这是父母的决定。"她说。

第六节　委托书

有两种类型的委托书：一般委托书和持久委托书。区别在于，即使立遗嘱人失去心智能力，持久委托书仍然持续发生作用。

一般委托书是一项指定某人处理你的法律和财经事务的法律文件。通常在你患上老年失能或者老年痴呆症，他们无法征求你的意见或者与你协商时，这个人将在你的生活中扮演重要的角色，起着至关重要的作用，因为他将控制你的金钱。你指定的这个人必须是你完全信任的人。如果你没有这样的人——这种情况很少见——你可以组织公共受托人或者监护人来做这个事情。

另一个选择是什么都不做，这通常使人们置于某种非正式安排的境地。比如将密码或信用卡告诉一个成年的孩子，或者让他（她）变成账户的签名人。这种做法或许会有用，也可能会失败。因为对这些财产的控制和感知会巧妙而迅速地被此人运用在生活中，这让老年人在做财务决定时犹豫不决，这也会让其他人（通常是老人的兄弟姐妹）对这样的安排感到不安。

如果你想减少你与亲信之间的不信任，那么签署一份带有更多透明条款并拥有改变委托权利选择项的正式协议将帮助你有效地达到目的。

第七节　直系血亲

直系血亲是当你住院后在文件上指定的人。但在美国的一些州，它是一个与继承有关的法律术语，在澳大利亚、英国或者新西兰则相反，它是一个协定，意思是在手术突发状况的情况下你要联系的那个人。这个人不一定是你的亲属，也可能是你的亲密朋友。如果你需要某人来到你的床前，医院就会联系他或者她。如果医院必须限制拜访者，则直系血亲有优先权。所以要谨慎指定这个角色。

理想的做法是，不要指定那个你认为应该指定的人，而是指定那个你想要他到你床边的人。但是要务实。如果那个人与你的替代决策者不是同一个人，那么随后需要详细讨论这个角色，如果二者能和谐共处就最好了。比如你的直系血亲可能是你的丈夫，而你的替代决策者可能是你的长子。

最近经常有一些悲惨的事情发生，有的独居者死了，居然都没有人知道他们曾经生病了或是不见了。为了减少这类事情的发生，新南威尔士警察局鼓励独居者注册其直系血亲的名字，一旦有突发状况或者警察局担忧他们的安全就会联系他的直系血亲。

第八节　社交媒体

那些拥有网上生活的人在死后如何退出他们的社交账号呢？对这些人来说，当务之急是建立某种机制，让别人用死者的密码进入社交媒体网站关闭这些账号。

但是困境在于你不想将你的密码广而告之，与他人分享。也许解决的办法就是给予可选择的密码登录，比如把你的脸书账号给你的伴侣或者密友或者可信任的亲属，让他们登录账号，要么直接关闭账户，要么到时贴个布告。

脸书的政策是，根据用户的要求，死亡后其账户可以成为纪念账户或者被删除。纪念账户会去掉敏感信息，就像状态更新了一样，并且只对授权的朋友开放信息浏览。但是要想取得我们想要的结果这可能更加困难，部分原因是因为用户、朋友和关闭你账户的相关者必须通过脸书电子帮助中心，并且亲自做这件事。但脸书里没有人专门承担这些任务，也不能确保他们是为你服务的。

纪念账户是一个人死后人们可以在那里寻找记忆的地方。脸书说纪念账户也可以通过阻止任何人登录账号保护其安全。根据脸书所说：

"如果脸书知道某位用户死了，我们的政策就是记住这些账号，切记即便在这样的情况下，我们也不能为别人提供账户登录信息。登录他人的账户是违反脸书政策的。"

第九节　减少物品堆积，尽量再利用、再循环——甚至在死亡计划中

对死亡的思考是许多宗教和精神信仰的一个重要方面——体现一种生命循环的意识。但是它也可能有深刻的实用性。

作者玛格丽特·马格努森在其书《瑞典的死亡清洁艺术》里写到，随着年龄的增长，不断地清理物品，而不是积累它们，这是一种深刻的解放和对生活的肯定。

对许多人来说，这需要我们在思想上的极大转变。刻意地放手需要进行练习，这就是为什么马格努森将中年开始清理物品视为一种人生哲学，而不是在晚年突然采取行动。

在这个时代，我们越来越意识到自己对环境的影响，人们试图努力降低对生态的破坏，对物品积累进行审视是一种有吸引力的做法。

对很多人来说，我们积累的东西将我们与过去快乐的记忆密切联系起来。但是这可能会使一件好事逐渐变成麻烦的来源，因为过多的东西会使我们陷入混乱。

乔治是一名老绅士，拥有一个用了许多年的旧台灯，即便它的电线被磨损得很破，很危险了也不愿舍弃。原来他所依恋的只是它隐藏的意义，因为这个灯是他妻子做的。他并没有质疑自己对这盏台灯的

看法。他死后，他的妻子面临着艰巨的任务，要把这些东西和许多其他类似的东西从他们的车库里搬出来，车库已经被他变成了储物间。

所有那些焦虑的能量消耗在财产的处置、储存以及在当下如何消费上。

是的，伴随着全家人共同成长的餐厅是一家人共同分享食物的重要象征，与此同时这些食客也被塑造成了他们想要变成的成年人。但是这就意味着必须把餐桌和六把椅子全部挤进一间小小的作废的乡村小房间里面吗？选取其中一件物品不能起到同样的功效吗？

我正在训练自己挑战"物品能保存我的记忆"这一论点，只对少数几件物品除外，比如我的结婚戒指。（当然我并没有《怦然心动的人生整理魔法》一书的作者玛丽康多这位日本整理专家那样擅长这项技能。）

今天我们可以以不同的方式保持记忆，比如照片。我们现在可以做得更多，在这个时代，图像和记忆触发器都可以收集在手机里并且可以保存到云端。但是我知道我需要谨慎行事，因为不能简单地用无数的照片来转移问题，许多照片可能因为我再也不记得去看它们了，命运也就此结束了。

第十节　生与死从来不会有最佳时刻

我们经常谈论起现代生活的压力以及今天的生活多么的艰难。但是对于生活在西方现代社会的人来说，从健康的角度而言，从来就没有一个最佳时刻。我们有清洁的饮用水、充足的优质的食物。医疗照护也是出色的。我们有抗生素对付感染，因此所有的孩子有望安然度过他们最初的前五年。平均死亡年龄延后了，以至于我们现在的预期寿命超过了《圣经》记录的 70 岁。

当然，挑战在于让这些利益能惠及全球，所有人都能从中受益。

有时候人们对网络的罪恶感到烦恼——社交媒体使我们变得更加孤独，人们坐在咖啡馆里用手机工作，而不是彼此交流。网络使得政治操控有了新的机会，这构成了我们必须处理并在某些情况下予以打击的政治挑战。实际上网络创造了更多的机会联系，而不是更少。

伦敦皇家三一临终关怀中心采取了先进技术，对那些垂危的病人采用虚拟现实设备获得一种虚拟旅游的体验，作为他们的遗愿清单上的项目。据报道这个项目已经给临终者带来了持续的欢乐。

报道称科技甚至改变了我们悲痛的方式——朝着更好的方向。

我们每天都在开发新的令人兴奋的交流方式。它们怎么被利用取决于我们。我们越来越接近于这样一个世界，在这个世界里你会经历生病和死亡，但仍然与那些能对你的需求做出特别及时回应的人在一起。

然而很难想象一个垂死之人的需求会消失——温柔的触摸，安慰的声音，安心的微笑——技术的进步使得死亡的服务可以被安置在距离较远的地方，然后根据需要提供。

关于生存与死亡的另一件好事情就是今天我们被鼓励问问题，去寻找答案。过去，我们不会向当局质询。现在当我们感觉在与我们有关的"法律"和"政策"之间有重要的——或者仅仅是一点——疑惑时，我们就会进行质询。当我们观察到在病人的治疗上可能会出现问题或者只是有问题的苗头时，我们也同样会质询。

形势发生了改变。现在对医院而言，拥有高质量的临终关怀服务是一个标准，并非黄金标准，只是一个普通的日常标准。病人的经历会监控，也会被按照这个标准进行审查。例如医院将会有个临床管理部门负责社区参与、病人联络、病人安全、投诉程序，以及质量和风险。如果你的医院没有临床管理部门，或者其在本地的业绩记录很差，你可以将你的问题告诉你的家人、你的看护者、你的医生和护理助手。你可以使用书面材料、指南或者网络反映你的诉求，要求给予你更多的自主权，这些是以前和你处境相同的人从未有过的。

在治疗和结果方面，更多的老年人正在接受心脏病的治疗和手术。我们比以往任何时候都更了解如何预防心脏病。心脏病过去是主要的死亡杀手，但现在不是了。仍然有一些社区的公共教育项目，比如，节食，但最重要的是禁烟还没有普及，但死于心脏病的人数已经显著地下降了。

我们有更多机会坚持我们的自主权，当然我们也必须足够勇敢去做决定，比如集中精力聚焦于我们的死亡计划。

第十一节　你的决策替代者

如果你不能说出你想要什么，那会怎么样呢？在那种情况下，你将需要依靠其他人，即一个决策替代者，代表你说出你关心的事。这个人也叫作"临时委托人""法定健康委托人""持久监护人"等，如何称呼取决于你的所在地。如果你已经失能或不能交流，那么当你的治疗方案制定好了之后，由这个人代表你在你的床边签合同。

决策替代者是代表你做最终决定的人，无论支持还是反对维持生命治疗方案。

根据澳大利亚网上"停止治疗"讨论中的"生命终止法"，每年澳大利亚大约有 4 万名成年人在决定停止治疗后死亡。

所以当你在为死亡提前做计划时，首先要考虑的是你的决策替代者或决策者（这个角色可以共享）。

今天的决策替代者比以往任何时候都活跃，因为老年痴呆患者的数目在持续增加，当我们努力实现了长寿之后，我们的身体机能与我们的大脑智能明显不匹配。

人们经常认为决策替代者与委托人的角色一致，或者至少是部分重合。但其实两者截然不同。就像前面提到的那样，委托书是一份法律文书，当你无能为力的时候，可以委托某人照顾你的财产和法律事务。但是决策替代者是被委托来考虑你的医疗愿望，尤其是当你濒临死亡的时候。和委托书一样，决策替代者的这些文件也是在律师面前签署。这个人将会在你和你在医院遇到的陌生人之间保持联络，并且代替你做决定，以确保你得到优质的护理。这个人做出的决定应当就像你亲自做出的决定一样。

所以这就需要一个你真正信任的人，能传达你想要传递的信息。这个人真正明白优质死亡对你来说意味着什么。你需要和他进行足够充分的沟通，这样的话他们就能很容易明白你改变了想法，而不必进行一声正式的尴尬的对话。你也需要切乎实际。如果你和你最喜爱的侄女相处甚佳，因此委托她为决策替代者，但是她居住在伦敦而你居住在奥克兰，那么你就要考虑出现突发的紧急医疗事件时，或者是当你逐渐衰老时，她是否能够作为决策替代者很快地来到你的床边，帮助你有效地处理。

在澳大利亚，每个州和属地都对决策替代者的角色进行了定义，虽然有些许的不同。比如在新南威尔士州，按照 1987 年监护法，永久监护人就是决策替代者。请注意不是每个州都承认其他州的决策替代者的法律地位。

在新南威尔士州，永久监护人的委托需要在律师见证下进行。必须保证他（她）签署文件时心智健全。再次强调，关于遗嘱和委托书，如果律师感觉他们对你做出的决定没有足够把握，他们就会和你的医疗专家特别是主治医生交谈，以确保你有独立思考能力。

如果你有律师处理你的遗嘱和委托书，他们很可能会提到决策替代者文件，因为这三个文件通常都在一起。

你任命的决策替代者需要知道他们已经被赋予了这个角色，要去接受永久监护人的委托，并且签署法律文件。

如果需要的话，即便没有签署法律文件，决策替代者也可以行使决策替代的权利。医院会指定承担此项任务的人。如果你所有的家人和同伴都同意那个人的话，是很有益的。但是那个人就会被留下来猜测你的意愿。

第十二节　你的预先医疗照护指示

提醒一下有关定义：在广义的语境下，预先医疗照护指示是一份清晰的法律文件，然而预先照护计划是一项更加通用的程序。

预先照护指示一直在发展，并不断被运用在复杂的医院系统中。

预先医疗照护指示是当你因为失能而不能表达愿望的时候，对你的健康专家和你的家人明确提出的关于希望得到的健康照护和治疗的指导性建议。

如果我们能简单地说，预先照护指示是具有法律约束力的文件，预先说明如果你在医院接受治疗，你将同意所有的治疗，那就太好了。但其实并没有这么简单。这是当前思考的目标，但是结果却因州与州之间的不同而略有差异。

预先医疗照护指示在不同的辖区下有不同的名字，比如"活的遗嘱""书面预先指示""愿望声明"等。在英国预先医疗照护指示被称作"预先决定"，在新西兰，它经常被称为预先指示。

更为关键的是，当你制定预先照护指示的时候，应该是直截了当的和一目了然的，包括所有你想拒绝的治疗，甚至于即使拒绝会直接导致你的死亡。这些指示的制定是由非常真实但相对较新的恐惧驱动的——就人类历史而言——关于如何靠科技生存下来。

目前仅仅只有 5% 的澳大利亚社区有书面的预先照护指示。但是这个比例在逐年增加，因为制定它的好处已经众所周知。

人们建立起书写预先照护指示的意识经历了一个很长的过程。十年前只有一些碎片化的信息。医生倾向于怀疑那些拥有法律背景的人士目的不纯，而律师也不同医生交流。各医院对是否医患交流胜过一纸文书也是各执一词。

现在医生和医院更愿意接受给出指示的书面文件。大家达成了共识，家人和病人之间的对话仍旧是最重要的事情，这是为了确保家人能理解病患的愿望。这个谈话应得到你委托的人或者决策替代者等一系列的人的支持，并且用书面的预先照护指示进行强调——其复印件应该放进你的手包或钱包里，以便你哪天突然被送进医院时，它可以唾手可得。

意识到要预先写下你希望的治疗方式，这是很重要的，你写下的文件在澳大利亚、英国和新西兰都具有法律效力。但是"写下"这个词的含义因不同的州和不同的国家而有差异。比如在澳大利亚首都属地，如果可以由两个人见证，其中一个是医生，你就可以做一个口头的"健康指示"。但如果你做书面的"照护指示"，它必须有特定的格式，否则无效。

这些差异现在可能看起来微乎其微。但你一定不想因为选择一个在你居住的州无效的协议而陷入繁文缛节。

在新南威尔士州，由于 2009 年一桩普通案件的影响，任何被清晰写下来作为预先指示的内容都是具有法律约束力的。创建这个先例的内容是一桩关于 A 先生和新英格兰地区健康服务机构以及猎人之间的案件。它清楚阐释了在新南威尔士州，如果有人已经不再清醒，但曾写下了预先照护说明，则被认为是一个明确的指示，即使是写在信封的背面，也表明了这个人对于治疗的意见。

Ａ先生是耶和华的信徒，他不想做肾透析。他住院后失去了意识，并且患上了肾衰竭，所以医院给他上了透析。不久之后，Ａ先生的一个朋友，同样是耶和华的信徒，他请求医院停止透析，因为这违背了Ａ先生的宗教信仰。朋友持有Ａ先生手书的文件，文件上Ａ先生说他不想进行输血或者肾透析。

当医院代表来到新南威尔士州最高法院澄清事实，法官断定手书文件表明了Ａ先生的愿望，而且没有证据显示他改变了自己的想法，他的预先照护指示仍旧存在，即使这是一份不正式的文件。

现在对新南威尔士州立医院的工作人员来说，如果有病人手书的文件，遵循临终照护指示是强制性的。文件有效的前提是，书写的人必须有书写的能力，理解文字的意思，且必须年满18岁。

书面指示可以给工作人员信心，相信他们是按照病人希望的方式进行护理的。更好的情况就是当病人还健康的时候，替代决策者就积极参与，充分谈论病人的愿望，并且写下指示。这与面对一个完全没有任何准备的家庭形成了鲜明对比（因为事故或者因为从来没有讨论过这些事情），并且当事人在非常情绪化的情况下会说出"做一切你们能做的事情，因为这是我的父亲／母亲／妹妹想要的东西"之类的话。

新南威尔士州的决定出现了连锁反应，对澳大利亚大部分的州和属地的预先照护指示的角色进行了重新定义和考虑。

但是，即使人们投入了这么多资金来为自己的预先意愿寻求法律保护，人们仍然可能会进入重症监护病房，在那里度过整个治疗过程，而没有人会被问及他们是否有预先监护指示。

然而，像你我这样的与我们的医疗团队讨论预先照护指示的外行越多，这种情况就会改变得越多。这件事正变得越来越容易。

在预先照护指示的早期阶段，病人会倾向于去想象一系列可能的场景。这有时会导致短期内的预先照护指示不起作用。毕竟基于你的记忆，比如你父母的死亡——我们通常经历最多的那种——你可能会把你想要的和不想要的细节都写出来，结果却发现自己置身于完全不同的场景中。

你冒险勾勒了 2000 种不同的场景，却碰到了墨菲定律，第 2001 种情形把你送进了医院。

重症监护专家肯希尔曼教授解释说一种新的方法体现了预先照护指示的内容："我们要求人们审视自己的价值观并着眼于他们不愿置身其中的长期前景"。比如，你可能会说如果你老了，失能了，得了老年痴呆症，并且这些症状已经很长时间了，在那种情况下你不想在重症监护室里被放上一台呼吸机。

研究显示预先照护指示的一个广泛的好处是，它们不仅能帮助那些垂死的人，而且能帮助那些丧亲的家庭，减轻他们正在遭受的失去亲人的压力、焦虑和沮丧。

在网络上可以发现许多预先照护计划渠道。其中最好的一个是在 www.eldac.com.au 找到的"临终指示"。预先照护计划文件的制订在 2018 年就开始了，来自全澳大利亚的医院和学术团队集全力制定了一种统一的、标准的、易于操作的预先照护指示模板，每个人，尤其是老年人，都可以拥有。它指导用户讨论有关预先照护的事宜和寻找你所在地区最佳的预先护理文件，请参阅教育及发展委员会网站：www.eldac.com.au/tabid/4971/Default.aspx。

在澳大利亚，由于这个网站的资源和工具包都可以被轻松下载，老年人，包括那些养老院或者老年照护机构以及边远地区都将被授权。

这项新工作令人兴奋的一点是，IT 系统将被用来收集信息，以确保人们不会被医疗系统所遗忘，因此我们可以更好地理解和回应人们的需求，尤其是当他们老了以后独自生活时。

制定你自己的预先照护指示

填写预先照护指示表格时需要考虑许多因素。比如，如果你在治疗心脏病的时候却发现患了肾病该怎么办？如果你不想做骨髓移植或者化疗，是否意味着你不想要输血？

下面是一些你或许要考虑的问题：

> ➤ 如果我对某一种疾病接受生命存续治疗，那么我的其他医疗条件会怎么样呢？

> ➤ 如何为我创造最佳的死亡环境呢？我是选择去急救医院，还是在家里让家人陪伴着我，抑或是待在照护医院或者养老院呢？

> ➤ 如果我的财务状况紧张，怎么支付呢？

> ➤ 如果我快要死了，怎么做才可以让我更舒服一些呢？

> ➤ 我是否理解延长生命的治疗（如心脏手术）与使我感到舒适并降低我的疼痛等级却不能最终治愈的治疗，二者之间的区别呢？

有些人做的预先照护指示极度细致，比如他们会写道："我不想穿专门的血压袜"。有的人简单写道："如果我得了绝症，我不想让我的生命延长，我只是想得到减轻痛苦的照护。"

姑息治疗将会是这个计划的重要部分。下面是来自世卫组织关于这个医学领域的定义，我非常喜欢。姑息疗法包括：

> 缓解疼痛和其他痛苦症状

> 肯定生命并且把死亡看作一种正常的生命过程

> 倾向于既不加速死亡也不延缓死亡

> 把对病人的心理护理和精神护理结合在一起

> 提供支持系统以帮助病人尽可能积极生活,直到死亡

> 提供支持系统以帮助病人的家属应对家人生病和丧亲之痛

> 运用团队协同工作的方法满足病人及其家属的需求,包括对丧亲者的安慰

> 提高生命质量,并且也能积极影响治病的过程

但是,无论你是想写一个粗略的大纲还是一个详尽的指南,都应该与一些人讨论一下,尤其是见多识广的医护人员,以及你的主治医生,毕竟他了解你的具体情况。

和你的家人谈论预先照护指示的内容也是非常重要的,因为你书写的内容可能与他们以为你想要的或者相信你应该想要的内容大相径庭。家人可能会在一种应激情势下读你的愿望并理解这些文字的含义,比如,如果你描绘了一个场景,在这个场景中,你想关掉你的生命支持系统。切记你有权指定抢救生命和延长生命的程序,如果这是你想要的话。如果你周围所有人都指定停止所有治疗而这不是你想要的,那么预先照护指示能够对你的反对意见给予保障,从而给你安全感。

但预先照护指示并不能保障事情一定会按照你的意愿完成,明白这一点很重要。医疗团队在救助病人时会积极主动,但是如果这个人明显快要死了,虽然还能呼吸(通过呼吸机),但是监控器显示大脑不工作了,病人永远不会变好也不可能痊愈。那么即使病人有预先照护

指示说明要无限期地保持呼吸机的使用，医生们也没有法律义务进行这种没有任何效用的治疗。尽管他们不会轻易那样，但最终仍会做出决定，即使有预先照护指示。

需要提醒的是预先照护计划有些自相矛盾的地方。文件的内容具有法律效力，当你没有能力说话或者不能清晰表达自己的意思的时候，或者你已经意识不清的时候，这一点就非常关键。但是除此之外，你有权利拒绝治疗，这一点有可能记录在预先照护指示当中，也可能没有。

只要你是清醒的，你可以通过拒绝你不需要的某项治疗从而否定你的预先照护指示。再强调一次，如果医生认为治疗无效的话，他们就没有法定义务继续治疗。

但是为了所有人，尤其是你自己，书写的文件最好不要令人产生歧义。记住在任何阶段你都可以更新或者更改你的预先照护指示。你的家人，护理人员，在医院照顾你的人，你在家中的或养老院中的姑息治疗团队，都应该有个系统能够更新你的预先照护指示。你可以请求他们核实一下你是否有根据需要改变预先照护指示的权利。

所以记住，预先照护计划是一个过程，而不只是一张有签名的文件。计划的含义是广泛的，指示则是一份具体明确的文件。

你的决策替代者应该预先知道你是否有预先照护指示，所以当你做计划的时候，请准备好复印件。如果没有书面指示，决策替代者将会按照他们认为你希望的那样去做。

在这一点上，再次强调一下请保持谨慎。某些家庭的经历很糟糕，他们被委托的决策替代者主导并且控制了整个过程。在一个案例中，某个决策替代者的兄弟姐妹认为他运用自己的身份地位给他们的妈妈施加了无穷的压力，让她搬出家里去养老院。在法律意义上她已经失能了，但是她还能很好地与人互动。他低估了她的推理能力，然后坚持运用他的身份去监控她与兄弟姐妹的互动。

曾参与此事的一位悉尼律师说类似的事情经常发生。他认为随着决策替代者的逐渐增加，有关滥用角色的指控也会随之增加。他认为在父母生命中的这个阶段，保护兄弟姐妹关系的方法就是至少有三个（如果数量有那么多的话）儿女被赋予决策替代者的角色，以迫使他们就下一步要做什么进行集体商议。

如果你在身体健康、家人和睦时就做好了安排，那么把这个潜在的问题记在心里。采取行动防范它是很重要的一步。

有可能引起争议的是，保护弱势群体不受虐待而开发的工具自身会被滥用并导致虐待，但这不应该是反对决策替代者等角色的理由，因为设计它们的初衷是为了保护你的权利。相反它应该是个提示，作为一个社会，我们应该想方设法防止权力滥用，要想办法开发能暴露体制弊端以及防止个人角色滥用的途径，这样当我们垂垂老矣以及临终的时候，我们的权利和机会才会得到维持和保护。

第十三节　你的健康

我们对健康的认识越精确，预先照护计划就越完美。了解什么最可能引起身体健康的每况愈下意味着我们需要发现衰老、疾病和脆弱的信息及其反应，找到获得这些信息的方法同时无损我们的乐观。

即便存在健康问题，如果我们自己乐观充实地生活，也是一种良好积极的精神方式，有助于我们保持身体健康并积极面对生活。但是积极面对生活并不意味着否定我们终究会死亡这一现实而不去做实际的计划，许多人对于做计划不闻不问，有时甚至根本没有意识到会发生什么。

有人认为，或许最好的方式是：我之前什么都没有说，但是到临终时我再抓住机会表达，而不是试图控制医院的治疗方式。逻辑是这样的：我不想在最后对于所有发生的事情都后悔莫及。

但是，即便这些对于你而言无关紧要，那么你预先收集的信息和所做的决定，对于你的家人以及所爱的人将来处理你的死亡会更容易一些，同时也可以节省他们的时间，让他们将精力集中在失去你的悲痛和尽全力度过这一时段上。

另一个需要考虑的重要因素是，如果你意识不到可能会发生什么，会让简单的事情变得复杂。

你真正的死亡是某个具体的时刻，而死亡前的临终阶段则是一个过程。它可能是随着时间的推移而发生的，除非发生意外或突发致命性疾病。我们有可能在之前的时间里抓住机会，使之成为一段更平缓的、更顺利的、不那么紧张的经历，而不是一段因为对其他事情的恐惧导致的夹杂着困惑、紧张、无序的病痛阶段。

我们要做的第一步就是客观地考虑你的疾病状况。这一点看似恐怖吗？可以理解，但是我们可以从另一个角度来思考，如果不去研究和考虑你的疾病状况，比做这些更使你感到恐怖和害怕吗？

第十四节　你的脆弱指数

你可以做一些简单但超凡脱俗的事情：忘记你的年龄。

年龄与优质死亡计划的想法无关，因为有两个重要的原因：

首先，你有可能会在预期的寿命之前就离开世界，而不是寿终正寝。年轻时我们不过早地为死亡做计划也许言之有理，我们有理由相信英年早逝是可恶的，它也是我们这个社会一直在与之斗争的。在《生死攸关：60 个人发声分享智慧》一书中，罗莎琳德·布拉德利引用了瑞典政治家达格·哈马舍尔德的话"不要寻找死亡，死亡自然会找到你"。我特别同意这句话。你不想过度考虑这个问题，但是当死亡来临时，在恰当的地方保留的一些笔记想法将会有所帮助。

其次，比较重要的理由就是按照时间顺序排列的年龄意义不大。今天，有人在 80 岁的时候玩了第一次高空跳伞。你甚至可以在 90 岁时滑雪和打网球，就像我的父亲一样。我们生活在这样一个倡导健康，挑战自我，并且每天突破生理边界的时代。我们希望优雅地老去。为什么不呢？

并不是年龄让我们死于衰老。真正与此相关的是你的脆弱程度。

老年医学专家用脆弱指数来预测一个人的死亡时间。他们的工作已经渗透到其他医疗领域，包括重症监护领域。肯·希尔曼教授，一位研究过临终预期并撰写过学术专著的重症监护专家，谈到了脆弱指数这一工具的有效性：脆弱指数的九个指标在病人入院以前就能够显示他的重症监护病人在手术以后能否存活下来。他发现用脆弱指数预测死亡大概有超过 90% 的精确度。

他和他的同行日常使用的是临床脆弱指数，这是很容易读懂和理解的，并可以从网上获得数据。另一个很好的标准就是埃德蒙脆弱指数，也能从网上查阅。

事实上，医学界存在数种不同的脆弱指数，但是所有人都能理解这两种，能思考这些数据意味着什么，然后根据它们来工作。你不必有任何医学知识。运用这些指数，而不是等待某个人来告诉你你是脆弱的，你可以自己发现一些重要的细节。

埃德蒙顿通过分门别类问一系列的问题（比如认知、总体健康状况、情绪和营养）来定义脆弱的层级（从 0 级到 17 级）。如果有人达到很高的级别，接近于 17 级，他们就会存在下列的某个或者是某几个问题：

> 他们认知能力低下，思维迟钝

> 过去的一年他们由于各种原因可能多次进过医院

> 他们不能照顾好自己，换句话说，他们需要帮助才能进行淋浴、进食以及上卫生间。

> 他们需要别人为他们购物

> 他们因为患有多种疾病需要服用药物

> 他们要么不能自主进食，要么没有兴趣进食

> 他们有失禁或者卧床不起的状况

> 所有的这些状况都使得他们不高兴

许多带有这些永久障碍的人都会说他们的生活质量很低。

另外，我们的分数越接近于 17，我们就越脆弱，能撑过下一次治疗危机的可能性就越小。事实上，即便没有医疗问题，我们的健康也是极度的脆弱。

知道这些分数隐含的意思后，我们就不容易从任何人那里听到自己得了一个很高的脆弱分数，因为这件事很难说出口，这也就是为什么医生不想与他们的病人直接探讨的原因。

但是对于我来说，知识就是力量。我知道我的脆弱指数，知道它对我来说意味着什么，所以我会和我的医生和家人进行讨论。

如果我们足够勇敢，当我们健康的时候，就去了解关于我们的脆弱分数的信息，这将帮助我们对自己的情绪进行管理。我不知道是否擅长此事，但是我的计划即是尽早介入，这样我能获得一些洞见，这些洞见既能帮助我面对特定的现实，也能帮助我尽可能地克服自己的弱点。但是最主要的，我希望它将帮助我认清我的选择和我的实际情形，并且对我制定的预先照护指示以及我如何面对重大医疗事件有一个实际的参考。

你或许在那些人之列，相信如果增加你对脆弱分数的认知，你对与身体相关的各种细节做出选择的能力会得到提高，你将能更好地掌控你的处境，并有更强大的力量去维护你的尊严。

由此你对住院的看法以及你与别人关于此的谈话会有积极的改变。

要知道脆弱指数并没有要求你陈述病情，疾病本身并不像它们带给你的状态那么与你息息相关。话虽如此，你的疾病最终会成为讨论中一个重要的部分，所以我们接下来将会讲到。

至少，如果你知道你的脆弱分数，你可以用和过去完全不同的更精确的方式去读懂医院和医生写的病历。如果病历本上写着"健康，非常老"就意味着你已经超过 80 岁了，你的病是不会威胁到生命的。（如果你已经 82 岁了，刚刚参加过网球大师赛，并且被描述成"非常老"的时候不要感觉被侮辱了。这是适用于所有人的医学术语。）

但是如果病历本上写着"脆弱，衰老"，那就意味着你超过 65 岁了，你的日常生活需要依赖别人。

既然你已经知道脆弱指数是什么以及如何利用它工作，为什么不更进一步呢？为什么不是由你来告诉医生你的脆弱分数，而是反过来呢？这将有助于你在评估风险时拥有自主权，使自己成为主导。它会给你的医生一个信号，你也想参与那些重要的和契合实际的谈话，即使我们最后不得不谈论死亡。

在此需要做一个警示：我们不能单单用一个数字代表一个人。如果有人分数很高，那并不意味着，因为他如此脆弱，可能快要死了，所以对他们不予理睬。

了解这些会给你更多的信息，因而你也能更好地加入关于你的健康、前景以及未来的谈话。

比如，我们来对比以下这两个人：一个是超过 90 岁的男人，患有长期肺病，这种病会使他有时呼吸困难，但他经常散步，心脏很好。另一个是 70 多岁的女人，因为超重，锻炼起来特别难，所以她逐渐变得久坐不动，反应迟钝。她患有糖尿病，使得她血液循环不好，双脚麻木。因此她没有信心能走很远的路，这更导致了更不想活动。如果光看年龄，你会觉得这个男人更脆弱。但如果看他们的状态，反而是这个女人更脆弱。至少这个女人更可能跌到骨折，这会导致她的脆弱指数像火箭一样蹿升，而不是像这个男人的慢性肺病一样缓慢攀升。

上述两者都有权说他们还想再活很多年。但是他们的预先照护指示很可能看起来截然不同，并且将会因不同的医疗历史而受影响。

　　如果你的分数比你预期的要高，那么就挑战它，如果你不喜欢被这个分数定义，那么就挑战这个定义。如果一个医疗团队给了你一个评级，并且你感觉他们对待你就像对待一个数字而不是一个人，你想就此离开不再回来，那就去做吧。

第九章　为我们自己的死亡做好计划　　249

第十五节　你的疾病清单

现在让我们进行下一步，来看看你的脆弱的原因：你的疾病。

这些信息会显示你将接受何种治疗，或者你何时说："不，我不想再接受治疗了。"

我们需要建立一份多种疾病清单，而不是一份单项疾病清单，因为逝者常常患有多种疾病。比如，死于缺血性中风的人，或许也患有肾功能衰竭，或者心脏衰竭以及癌症。死于心脏病的人或许遭受着癌症、高血压以及大脑血管破裂的侵袭。腹部切除了一个巨大的非癌性肿瘤的人或许会死于休克或者心脏病。

这些疾病因素相互作用，使我们处于静止状态，产生认知障碍和依赖性，导致我们得到一个很高的脆弱分数。但是这种情况不会在一夜之间发生。早期的疾病模式会让我们沿着既定的路线缓慢前进。缓慢的推进会给我们机会做一些实际的计划。在过去的一年中困扰我们的大部分疾病其实已经伴随我们很久了，它们不会突然爆发。他们是慢性的长期的疾病。一旦诊断出来后，医生知道是不会痊愈的。令人惊讶的是，有这么多患有长期慢性疾病的人却没有意识到这一点。这或许是因为医生没有告诉他们。但也可能是病人没有意识到被告知内容的重要性。

当你被诊断患有某种疾病的时候，你不妨问问是否是慢性的长期的疾病。问问医生随着时间流逝在你身上有什么样的影响。如果你想理解和掌控所有有可能导致死亡的医疗方法，不要害怕去问问题。如果你此时此刻因为害怕而不敢问，那么可以先写下来保存一段时间，直到你真正准备好了再问。记住要努力增强你的情绪复原能力，直到你彻底恢复。无法面对慢性疾病的后果，有点像你希望自己回到 21 岁。它是一种看待生活的方式，但不是真实的生活。

每种疾病都不相同，每种疾病在每一个个体身上也都表现不同。

但是许多垂死的病人会患有慢性疾病，并遵循常规性的住院模式，所以你的医生会就疾病发展的可能性状况给你可行性建议，这将为你带来一些安慰。

随着年龄增长，许多人患有多种慢性病，这会使问题复杂化。对这些慢性病的共同特征和影响知道得更多一点，将会揭示它们在你生命的最后阶段是如何影响你的。知道这些将会使你更加理解病情，从而能够更好地控制将要发生的事情，直到临终之时。

我们可以采取积极的方法对自己的临终状态进行控制。

本书列举的关于澳大利亚死亡原因的最新数据是 2017 年的。这些数据在富裕国家不会有太大变化，年复一年也不会有太大变化。但你可以通过上网更新死因和位置来进行搜索。你甚至可以标记这些数字，以便你能对任何变化进行观察和思考。

2017 年澳大利亚主要死亡原因如下：

➤　心脏缺血性死亡，阻塞心脏动脉（18590例）

➤　老年痴呆包括阿尔茨海默病（13729例）

➤　脑血管疾病大脑血管阻塞（10186例）

➤　慢性呼吸道疾病（8357例）

➤　气管支气管肺病（8262例）

我们还须添加一些其他的东西，这样我们将会用一种不同的方式看待它。如果我们将所有的癌症列入，那么它会稳居清单的榜首。所以癌症是我们谈论的一个重要的部分。但是由于癌症导致的死亡与其他的死亡有着不同的过程，因此我会单独拿出来说。

将所有的癌症包括之内，而不是单独考虑某一种，它们占据所有死亡的30%，不只是在澳大利亚，在任何一个地方都是这样。（2014年澳大利亚153580例死亡案例中有44171例是由于癌症，占28.7%。2013年新西兰29568例死亡案例中有9063例是由于癌症，占30%。英国癌症研究机构说2016年英国人因癌症导致的死亡比例是28%。）

这些数据是令人忧郁的。但是我们可以记住一些好的数据。在澳大利亚69%被诊断患有癌症的病人至少可以再活5年。这些人当中有很多还可以活得更久，并且统计数字逐年攀升。

如果癌症治疗是成功的——它的治疗水平一直在提高——你将不需要因患有致命的癌症而住院。你可以仍然拥有健康充实的生活然后自然老死。通常一年当中，死于癌症的人与继续活下去的人的比例是1：7。

但是为了做好优质死亡计划，我们需要考虑到癌症的可能性。这样我们就能了解可能去医院的次数或如果我们死于癌症会发生什么，以及它与医院和姑息治疗有什么联系。

我们将归于何处？

第十章

　　如若所需，想象一下我们希望自己死于何处，但愿我们会得偿所愿。

　　平均来说，大概 50% 的人死于医院，另外 35% 的人死于老年照护机构，还有 12% 的人死于家里。本章，我会对这些地方进行比较鉴别，帮你看清自己的真正需求。

第一节　死于医院

死于医院的人有 50% 是因病重而被医院收治、生命垂危之人。倘若某人身体健康，不存在任何不良体征，住院仅仅是为了做一次外科手术，那么他病亡的可能性很低，所以类似的状况并未被纳入那 50% 的统计之中。

无论你是医护人员、新来的病人，还是病人亲属，当你走进一家忙碌的医院，你就会立刻明白：历经多年的经营，医院已然是一所拥有完整的办事章程和治理体系的机构。去挑战这个机构的制度化护理的智慧和权威是非常愚蠢的。在面对如此强大的能量的时候，我们会感觉到自己的渺小和无知。

毕竟，当面临生死攸关时，我们不想用其他的方式考验和测试我们与家人之间的爱。我们希望让那些专业人士看护我们。在医院的环境中，病人会受到最科学的治疗。无论你背景如何、受教育程度如何，不管你是学者还是卡车司机，未知领域总是令人望而生畏。

因此，面对在医院中可能的未知的经历，我们必须审慎地应对那些不确定的权利和需求。其中一个最好的办法就是建立疾病意识，并与医护专业人士进行有意义的交谈。

我们需要提前计划选择性外科手术。它可能是胆囊切除手术甚或心脏搭桥手术。无论何时，当医生建议去医院进行选择性手术时，我们要养成问问题的良好习惯。问题清单中的首条应该是："鉴于我的医疗历史（病史），我做这个手术的风险是什么？"

手术前，医生必须获得你的知情同意书。如果提前进行手术计划，这个谈论就应该在医生的诊疗室中进行，远在你住院之前。你的知情同意书里包括两个问题：这个手术是治疗什么的？它的副作用或者并发症是什么？

一名负责任的医生在手术前会给你充足的时间考虑整个程序。在此之前他们会邀请你提问并且鼓励你随心所欲地问。如果错过了这个机会，你还可以问这些问题：

> 这项手术治疗的目的是什么？请告诉我正式的名称。你能为我写下来吗？这样我也可以在谷歌上搜索。（不要害怕承认去谷歌上查询这些名称的意思，谷歌是图书馆的现代替代者。）

> 有没有不去医院就能解决这个问题的其他办法？

> 如果我什么都不做，会发生什么？

> 我做这个手术的副作用和并发症概率有多少？

> 如果我有特殊的并发症，还需要再做一个手术吗？

并发症因为个体不同以及病史不同，风险也各不相同。并发症的发生率与外科医生和他们的手术成功率有关。

但保险公司、私立医院和某些专业团体收集这些精确数据并保存，都不在公共领域的范畴。作为个人来讲，我们不擅长问这些问题，更不消说得到相应的答复，因此虽然这些信息很重要，但我们很难意识到。

希望这种情况会改变。与此同时，无论如何都要询问你的外科医生。你或许会得到最佳答案。并且如果将这种积极主动的谈话变成终生的习惯，当你年老体弱的时候就会感觉问问题非常自然。

当我们年老体弱，考虑手术的时候会是什么样的情形呢？记住之前讨论过的理解你弱点的方法。你可以要求你的医生——你的全科医师以及你的外科医生和你一起讨论你的脆弱。询问手术对你有什么样的影响，向他们解释你想有更实际的计划。

如果外科医生试图不进行讨论就让你消除担心，应该引起警惕。如果你善于思考而且敢问问题，你就应该严肃对待。你也许要和你指定的全科医师讨论一下，这是一个在医院之外寻求其他方式支持的机会。

再次提醒：如果你的确想做这个外科手术，你的医生支持你，而你也相信医生的能力，你完全可以对手术充满信心，无论你多大岁数。

第二节　死于救护车

如果我有不希望进行心肺复苏的预先照护说明，但是家人已经叫了救护车怎么办？无论你年龄多大，如果你被救护车带到医院，你就已经处在一个团队手中，不管发生什么，他们都有一个抢救的日程表。

如果你已经没有意识，你会被默认为"暗示同意"，并被转送到医院。你不能给予知情同意，因为你的意识已经不清醒了，你不可能被告知。这意味着你不能说"不"。知情同意法没有涉及急救情况。（这种情况下表明你拒绝急救治疗的标记和标签是没有法律约束力的，除非你能够进行口头拒绝。）

当有人需要心肺复苏术，那么简单来说法律正当性就是必要性。

在一些地方，如果你不想做心肺复苏术并且你有预先照护指示，必须让你的医生与急救中心沟通。这个需要在填写"官方备案照护计划"的时候就做，然后在急救中心时需要再次登记。

除了不做心肺复苏术的决定，救助计划中还有一项放弃权，即向急救中心说明撤回导气管、氧气瓶、鼻咽抽吸器和静脉注射针管。救助计划也言明，在书面文件没有其他明确要求时，救护车护理人员可以使用救命药物。

但是，一名姑息治疗专家指出，我们需要注意复苏可能取得的效果，"在电视节目中，70% 的病人在做复苏时会存活下来。而实际上，在生活中这个数字接近于 5%"。

第三节 因癌症死于医院

就像我前面提到的，当你已是癌症晚期时进入医院，它的管理方式与其他住院方式略有不同。

和癌症一起生活

让我们谈论因为癌症住院。在前面提到的澳大利亚主要死亡原因清单上，有一种可预测的类型。随着一系列的住院治疗，一个人的健康状况越来越糟糕，直至死亡。

与此形成鲜明对比的是，癌症意味着需要通过治疗来扼杀病源（如果可能的话），保持你的健康，让你远离晚期。住院并非是必需的。你将会有一个阶段感觉很脆弱，但与年老病人反复住院的治疗相比，这个阶段相当短暂。

你的治疗方式和住院类型取决于你患的是 250 种不同类型的癌症中的哪一种。住院意味着可能是要做外科手术、化疗、放疗以及其他针对性的治疗。

有些癌症可以对其进行积极治疗，而且成功率极高。相比而言，我们女性不是那么幸运。例如，现在 80% ~ 90% 的妇女在被诊断患有乳腺癌早期后仍旧存活了 5 年之久，而被诊断患有卵巢癌却能存活 5 年之久的概率领只有 44%。

早期诊断对癌症治疗具有重大的影响。当它还是一个小肿块的时候，通过筛选就可以诊断出乳腺癌。相比较而言，卵巢癌症状与普通的肠道气泡相似，与乳腺癌相比，它不易被发现，而且没有早期可以筛选的测试。

癌症发现得早与晚，区别是很大的。因为癌症出现的时间越久，扩散的范围就越大。用外行的话来讲，由于异常细胞及其生长超出了人体免疫系统的检测范围，所以发生了癌变。身体无法识别这些异常细胞有何不同，所以就任由癌细胞扩散而不加抵抗。随着癌细胞的繁殖，小细胞复制和扩散到身体新部位的机会随之增加。与血液循环一样，我们的淋巴系统和血液系统一起工作，编织着他们的路线，在血管中传送一种叫作淋巴的清亮液体。当我们的免疫系统战胜感染、疾病和其他的威胁的时候，淋巴系统就像一个吸尘器，把碎片和瓦砾清除出去。然而，麻烦的是：淋巴系统不仅无法探测出癌细胞，而且还会给癌细胞提供"搭便车"的机会，将其携带在身体内循环，直奔心脏。

医生对所有的癌症设计了分期系统。当然（会）有（一）些例外，然而分期系统意味着同样的事情会在许多癌症上发生。第一阶段是癌症早期，如果在这一阶段掌控住了，比如在前列腺癌之中，你可能很幸运，癌症只是在一个小小的密封的胶囊中。它是逐渐生长的，但没有扩散。在此时进行外科手术切除它很容易成功，因为这就像采摘包裹在壳中的种子一样。

在下一个阶段也就是第二个阶段，癌细胞扩散到胶囊外边，在其他的组织中徘徊或定居。如果要去除癌细胞，就必须切除其他的组织。给这个组织绘图确定边界就是今天许多癌症管理和治疗的目标。癌症专家有着高度发达的癌症知识，如癌细胞扩散模式等。因此，如果要去掉一个已经达到这个阶段的黑素瘤，他们就会知道要去寻找癌症病源就像寻找一颗长有水龙头的植物，先要找到这个水龙头，然后把它及周边的血肉都给移除掉。

死亡计划中，最关键的信息就是，如果你想积极主动地将死于癌症的概率降到最低，现在要做的最好的和最简单的事情就是及早进行检测。这就意味着要利用筛查程序检测大部分的癌症，包括前列腺癌、宫颈癌、皮肤癌、卵巢癌和乳腺癌，这些都很容易被检测出来。今天的信息收集系统可以使你不需要记住常规检测的时间，一到检测日期自然会有人联系你。

你可以采取进一步的预防措施，这是非常可行的。研究员持续致力于通过癌症免疫法或疫苗接种来预防癌症。宫颈癌的发生率持续下降就是因为人乳头瘤病毒疫苗的发展。现在有一种治疗黑素瘤的新方式，即在第一次手术后，通过"疫苗法"，可以阻止黑素瘤在人体的扩散，这使人们产生了新的希望。

这些不会像戒烟、限制酒精摄入量以及减重一样能降低你的患癌症的风险。没有证据表明你连续三年都保持着三项指标正常就能免于患癌症的风险。但做这些将会在降低患心脏病和血管疾病方面产生重要的影响，这些疾病正如前面所说都是重要的致命性疾病。

在癌症的下一个阶段也就是第三阶段，癌症已经侵入淋巴系统，淋巴结幸运躲过一劫。淋巴结分布在身体的不同地方，比如在腹股沟和胳膊下面。如果淋巴系统像一个水道被用来传送碎片，那么淋巴结就是高能的清洁和开闸放水中心，它会将清洁清亮的液体输送到血液。在还没有扩散到身体的其他部位之前，癌细胞通常会聚集在一起。如果你接受了外科手术切除了淋巴结，那么也就达到了阻止癌细胞扩散的目的。

现在癌症可以自由穿过淋巴系统或者血液系统进行扩散，即使每次仅仅只有一两个细胞。在第四阶段，癌细胞已经扩散到整个身体，或者四处转移。每种癌症都表现各异，有些癌症会把肿瘤分布在身体的各个部位。

切除这些地方的癌症肿瘤可能是一种非常有效的策略。这样做虽然不会把身体的癌症完全清除，但是会帮助个体器官获得更多时间。手术后赢得时间的多少因癌症种类与个体差异而有所不同。但是我知道有个患卵巢癌的女士，她处于第四阶段，已经连续做了几场手术。术后她已经活了10年，她还会继续活下去。她不能免于癌症，但是她患了癌症以后仍旧在积极生活，而不是虚度光阴。她四处旅游并且享受生活。

正是这一组细微的差异，在癌症的预后中将短期存活与长期存活区分开来，成为重新定义姑息疗法的重要提示。

在早期，姑息疗法被看作是在临终时采用的治疗方法。但是随着癌症治疗技术手段的不断提升，越来越多癌症患者可以活得更久，姑息疗法在癌症治疗方面也扩大了范围。医学上对疾病边界认定的持续挑战重新定义了姑息疗法，即在努力消除疾病的同时，给予患者尽可能最充分的生命体验。各种患者受益于这个变化。但许多人仅仅把姑息疗法和癌症联系在一起，而没有意识到姑息疗法适用于各种疾病。

在姑息治疗阶段，尽管无法完全治愈，但一些癌症患者对化疗和放疗反应良好，甚至其症状可以得到减轻。而其他的疾病没有这个情况。癌症专家会基于癌症的类型和你的健康状况提供建议。他们将考虑你的年龄，但是最重要的是考虑你的适应度和体能。这也强调了我们保持低值脆弱分数的重要性。

如果你是个生理健康的病人，那么你能够很好地忍受化疗。但如果你极度脆弱，也就是说，你卧病在床体虚无力，正遭受着其他疾病的折磨，那么你的医生很可能会说你忍受不了化疗，因为它的副作用会致命。无论医生是否对你做过正规的脆弱指数评估，他们如果发现你越脆弱，就越会对给你提供如此极致的治疗而有所保留。

死于癌症

可能会出现这样的情况，多年以后，有些癌症发展到了晚期，医院不得不承认病人会死于这个癌症，而不是死于其他的疾病。当有人患有晚期癌症时，比较典型的情况是，病人的生理和心理机能开始直线下降，直至死亡，其间相隔时间很短。

这时我们努力的重点发生了转变，需要从试图治愈你转到集中消除你的痛苦并且管理好你的心理精神症状。

每个癌症都有不同的潜在治疗方法。如果你被诊断出患有不可治愈的癌症，比如迅速发展的肺癌，如果你说"我想要的就是被好好照顾，我不需要任何治疗。我不想化疗、放疗和外科手术，我只想保持舒适"。那么你将得到情感上的支持。

但是即使肺癌的治疗通常收效甚微，但进行化疗仍然会带来很大的不同。比如，如果你有大量的肺癌小细胞，化疗虽不能治愈它，但是会减轻症状，提高你的生活质量。

而如果不进行化疗，可能六个星期后就会死亡。但是在化疗和其他医疗的支持下你可能多活 2 ~ 3 年，而且大部分时间可以活得非常好，直到疾病卷土重来。

与此相反的是，在癌症的第四个阶段，也就是癌细胞已经扩散到全身的时候，对癌细胞进行的化疗和（或者）放疗疗法只能使你增加三个月而不是三年的生命。

所以对于不同的癌症，通过化疗和放疗延长生命的能力主要取决于癌症的类型、癌症的程度和癌症在体内的位置。

判断所有这些不同的可能性使治疗成为一门艺术而不是仅仅科学。对我来说理想的治疗，对你来说不一定是理想的。

但是，知道问什么样的问题，你的治疗会给你多少存活的时间，是决定是否接受治疗的关键因素。

在这个时候，导致癌症疼痛的原因可能是骨折、肿瘤入侵身体新的部位，或者被用来攻克癌症的手术、放射和化疗等。

骨痛是疼痛的主要原因。高达 85% 患有骨瘤或骨瘤发生转移的患者在患病的过程中经历过严重的疼痛。这与患有淋巴癌或某种白血病的病人形成了鲜明的对比。后者只有不到 10% 的病人经历过这种严重的痛苦。

麻醉师开始在减轻癌症的痛苦方面起到重要的作用，他们是使用诸如神经阻滞法的止痛方法，也就是将药物注射到引起疼痛的神经的周围。这在今天的医学领域中是个小小的分支，但是它的作用一直在增长。

希望

好消息就是严格的治疗使治愈癌症的希望成为可能。你可能像我的朋友霍利一样，被诊断出患有肺癌和大脑二期梅毒疹，但被治愈了。医生说主要问题在她的肺部，在她清楚了自己的病情后，医生才将那些病毒清除掉。"经过几轮非常有效的化疗，"霍利说，"他打电话说，我们不可能有比这更好的结果了。"这话如音乐绕耳。

"他去除了我左肺顶端的肺叶，四个月后我带领团队去了不丹，在那里我们爬到了老虎窝里，那是七年前了。"

同样地，你也可以在你的法律权限内决定做相反的事情，你可以对你的朋友说你根本不想治疗，你只想待在家里和家人一起，然后你想要尽可能地减轻疼痛，这样当你步入活跃的死亡阶段时，就已经失去知觉。

每种不同的癌症都有自己的治疗路径。癌症研究在不断地发展，我们也了解了什么有作用，什么是无效的。巨额的资金投入到其中。研究最多的疾病就是那些最能捕获我们想象力的疾病，以及那些能够引起公众意识觉醒的疾病。但这也就意味着有其他的疾病没有被好好研究，因为它们没有吸引公众的眼球，或者说病例稀少几乎没有什么案例值得研究。我们了解到这些癌症研究的进展极其缓慢，几乎没有什么突破。

"突破"是一个能让医生感到沮丧的词语。当他们的病人读到"突破性进展"的信息时，他们可能会被病人要求治疗的诉求轰炸，即使这些治疗与病人的癌症状况完全不匹配。但是确实也有一些真正的突破和发展也带来了许多的希望。

所以你的死亡计划可以包括追踪和观察相关领域的医学发展状况。这是有关锁定希望的战略，以此激励你关乎生命的死亡计划。当你面对糟糕的预期时，可能很难怀有希望。但是我们也可能在面对一个最惨淡的现实同时又满怀希望。这种对立又复杂的思想和情感是人类的一种天赋。

此时，可以给癌症研究提供希望的领域是免疫疗法。其治疗战略包括激活和提高免疫系统以便使它检测和消除那些没有反应的癌细胞。因为癌症得以恶化是因为我们的免疫系统没有检测到陌生的癌细胞并加以阻止。

用免疫疗法治疗癌症已经发展了 20 年，但是最近的发展表明这个领域需要一场迫在眉睫的革命。免疫疗法治疗癌症有它自己的"青霉素时刻"。这些新的免疫疗法包括使用特定的抗体示增强肌体的抗肿瘤反应。它们的使用能带给病人更久的生存时间，甚至会提高治愈的可能性。

这些治疗方法使用使得晚期癌症患者的存活期更久了，这在以前是无法想象的。2018 年，科学家报告称一名转移性乳腺癌患者——也就是说，这个病已经扩散到全身了——在接受免疫疗法之后痊愈了。

让我们来了解目前这个领域的发展状况，2014 年美国食品与药物管理局允许使用药物纳武单抗和派姆单抗。2015 年，在澳大利亚派姆单抗用来治疗黑素瘤。2017 年纳武单抗在澳大利亚药物福利计划中被用来治疗晚期非小细胞肺癌。

现在全世界大约有接近于 400 项临床试验用于检测这些药物在其他癌症上有多大的效果。

这就把我们带回到癌症研究的起始，我在本书前面提醒过的：每年世界上的所有死亡事件当中，有 1/3 是由癌症引起的，但每年也有许多癌症被治愈然后被清除，所以病人继续过着快乐而充实的生活，然后死于其他的疾病。

另外，如此多的新的治疗方法为我们提供了治愈的希望。这不是报纸上所说的——这是研究者自己说的。

第四节　年老体弱——又住院了

当住院变成你治疗慢性病的一个常规特征时，你就要面对这个现实的时刻，要开始和你的家人和医疗专家讨论你在生命结束时想要什么。为什么不把同一年的第二次住院作为一个转折点，这是一个不仅要思考而且要讨论如何为优质死亡做计划的时刻。不要指望你的家人去开启这个讨论。由于多种文化因素，大多数人会等你来开启这个讨论。

当娜娜由于中风和臀部受伤住院，且检查出她患有肺癌时，其家人倾向于求助于他人并且述说他们觉得娜娜可能不久就会死，或者他们希望她可以快点死去，免受病痛的折磨。但是几乎没有人会和娜娜谈论起此事。（澳大利亚的姑息疗法备忘录显示"82%的澳大利亚人认为与家人讨论他们希望怎样结束生命很重要，但只有28%的人已经这样做了"。）

当然，如果娜娜以前和家人讨论过这个问题的话，他们的谈话将会比较容易。

在新南威尔士州，健康信息局的《2017年死亡率临床变异报告》考虑了七种情况，相当直白地揭示了当年住院患者死亡的原因。这项研究并非为公众消费而编造的。

列表如下：

病症	住院30天内死亡人数	每100名住院病人死亡人数	死亡平均年龄	住院人数	死亡之前患有其他疾病的种类	离开医院后30天内死亡概率
出血性中风（脑血管爆裂）	1855	33	74	5659	5.8	24%
慢性充血性心脏衰竭	3793	14	80	27484	6.0	41%
缺血性中风（大脑血管阻塞）	1861	12	74	15475	7.0	43%
肺炎	5037	11	71	47133	4.8	38%
慢性阻塞性肺病	3160	10	74	30525	4.3	43%
急性心肌梗死	2108	7	70	30488	4.8	32%
髋关节置换手术	1093	7	83	16193	9.4	53%

除了事故以外这些状况是最可能导致老年人住院的原因。如此多的死亡案例都经过了评估，它们可以告诉你许多有关死亡的事情，因为不仅仅在新南威尔士州，在世界的其他地方也有同样的生活因素。

在上表中，我们看到在离开医院30天内的死亡概率如此之高，的确发人深省。

读到这些数据会令人不舒服，报告显示了几条重要的信息：

➤ 只有三分之一的中风患者在大脑血管阻塞后活下来。

➤ 对心脏和血管的损害仍旧是最大的死因。

➤ 肺炎是住院的主要原因。（过去它被称为"老年人的朋友"，由肺炎导致的死亡可能排除在其他失能和严重疾病前面。病人将会在高烧、无意识和无痛感中死亡。）

➤ 那些臀部骨折的人至少患有九种其他的疾病。患有骨折的较弱的住院老人30天内的死亡概率是53%。

➤ 除了臀部骨折，30天内死亡的住院老人多是因为慢性病的长期累积导致的。

好消息是在过去的 15 年里，离开医院 30 天内的死亡率急剧下降。30 天内死于血管爆裂的概率下降了 15%，死于心脏病发作的概率下降了 41%。这意味着如果你有这些疾病中的任何一种，住院后存活的机会都会越来越大。

然而即使在今天这些死亡的数据仍令我感到震惊。我以前听过许多公共教育演讲，但是在表格中读到这些数字完全不一样。我从这些数据中学到了最深刻的一课，当然，是我个人的感受。

是的，癌症可能会席卷而来，并迅速彻底改变我们的生活现状。我有高胆固醇倾向，而且我的母亲在 70 岁高龄时由于心脏病发作而做了第三次心脏搭桥。但她饮食比我健康，胆固醇也比我的低。（她的味觉在丰富多彩的美食面前早就定型了，而我是来者不拒的家伙。）所以我必须尽我所能以保持身体健康。这就包括锻炼和管理饮食。

但是更重要的是，我知道了如何在死亡计划中，考虑心脏病和血管病的后果。人们死于心脏病和血管病的平均年龄介于 70～74 岁之间，即使我也知道我可能会像父亲那样活到 94 岁而且没有心脏病、血管病或者老年痴呆，但我也不得不做好准备可能会提前 24 年患上心脏病和血管病。

但令人不安的是，一名医生称这 30 天是人为制造的。

"为什么要看 30 天呢？那是学术界选择的数字。如果我们从出院 60 天来算，数字将会更加令人沮丧。"他说。

有许多因素需要考虑。

当你老了，会因为肺病或者心脏病导致的健康恶化而经常住院吗？这个与接受外科手术而住院不同。你会更多地依赖医院来减轻症状。

在这些情况下，你和家人需要向医护人员表达你的愿望。让我们拿一位因肺部充血或者心脏衰竭而多次入院的女士作为例子吧。因为她年龄大了，住院也就很频繁，这次与下次住院的时间间隔也会缩短。住院会减轻她的症状和疼痛，但是无法治愈她。她不想死在医院，所以她的挑战就是，与她的医疗团队合作找到替代方案来解决这个问题。

从一个经常患病住院的病人变成一个濒临死亡的人不是瞬间发生的，这需要一个过程。这听起来或许很奇怪，但是积极的治疗措施和姑息疗法可能会同时被运用。

给年事已高的老人提供一个髋关节是个好的例子。对于因摔倒而导致髋骨骨折的老人经常会进行髋关节置换手术。即使他们可能（根据新南威尔士州数据）有 7% 的概率死于手术期间，有 53% 的概率死于住院 30 天以内，但他们仍然不想带着糟糕的髋关节痛苦地活着。

另一个例子就是小细胞肺癌的化疗。医学治疗无法治愈此病，但是能够使病人有更多的无痛时光。

第五节　转向姑息疗法

理想状态下，从你的治疗专家向姑息疗法照护团队的转变是无缝连接的。但不幸的是，情况并不总是这样，因为医院其他团队对姑息疗法照护的态度有很大的区别，有些医疗团队的成员可能会抵制姑息疗法团队"接手"。

尤其在澳大利亚的大部分农村，不可能有全科的姑息疗法团队来给你治疗，可能只是有个姑息疗法护士。

2018 年 10 月澳大利亚皇家委员会的老年护理质量安全委员会建议，希望能解决这个问题。因为由临终护理的水平产生的事故将由委员会审查鉴定。

下面是当你的身体条件和状况开始发生变化时，你和家人可能想要向工作人员询问的一些问题。

➢ 我在经历一些变化，这些变化意味着什么？

➢ 从现在起我的疼痛会更剧烈吗？

➢ 从现在起谁将照顾我的基本饮食起居呢？我担心不能从帮助我的人那里得到照顾。

➢ 从现在起我的全科医生将扮演什么角色？

> ➤ 从现在起谁将帮助我控制疼痛？
>
> ➤ 你认为我需要采用姑息疗法吗？

如果你在照顾你的团队那里受到了对姑息疗法的阻碍，你可以与医院的姑息疗法团队亲自沟通，或者你也可以与社会工作团队交流。如果这些团体对你的诉求不闻不问，你可以去医院的病人联络办公室沟通。

如果你做这些事情感觉不舒服，或者你病得太重无法亲自去做，那么就和你的家人谈论这个问题，确信谈话的对象包括你指定的决策替代者。如果你需要他们的时候他们不能来，那就和你的全科医师交流。

当你的疾病发展成绝症，医生就会更清楚，过多的治疗将不会对你的病有任何改善。有时还会无缘无故地使你不舒服，让你觉得是个负担。这个过程是渐进的，一开始治疗效果是一次比一次好，渐渐地就没那么好了，直到最后治疗完全失败。

那一刻就会到来，你的主治医生将评估你的治疗是否已经无效。（这个过去被叫作无效治疗。）

无效治疗是一个术语，它对你的医疗团队意味着需要做一些事情。它可能包括观察，即便是细微的观察，比如测量体温血压、外科手术、X 光检测和超声波检测和药物治疗等。它也包括通过鼻饲试管帮助你进食。

在医疗团队工作之前，家人可能会询问有关治疗的好处。2005 年美国的一项研究指出，当病人在治疗无效并依赖人工呼吸的时候，仅仅只有 24% 的家庭想继续治疗，但却有 76% 的工作人员想要他们继续治疗。而具有讽刺意味的是有时是因为工作人员以为是家人想要继续治疗。当然，也有这样的情形，家人确实想要"起死回生的"介入，即使这个人没有任何存活的可能性，对这种情形医生也感觉很棘手。

这是一种非常现代化的挑战。

医院现在能使病人在过去不可能实现的情况下维系生命。结果，我们倾向于认为在所有情况下任何能做的都必须去做。就像伯纳黛特·托宾博士所指出的那样，这个有时被叫作"技术指令"。

"这是我们文化中的误解，误认为要把握每一个机会来延长生命，否则就会有负罪感。"她说。

过去的许多年里，多项研究显示，当治疗已经无效而可能需要被终止时，医生要和病人沟通是多么的艰难。《医学道德期刊》一项2016年昆士兰州的研究报告探讨了这个问题。

报告中采访了96名医生，分别来自急救室、重症监护室、姑息疗法中心、肿瘤学、肾病科、内科、呼吸科、外科、心脏病学、老年医学和医学管理部。这些医生都被问到在生命的尽头为什么要采用"无效的"治疗这个问题。他们说这样做是因为：

➢ 想要治愈病人
➢ 谈论死亡感觉不舒服——这常常是因为他们年轻和缺少经验
➢ 担心不提供治疗会承担法律后果
➢ 沟通困难
➢ 受到来自病人家属要求继续治疗的压力
➢ 他们自己也不确信医疗的结果
➢ 缺少有关病人意愿的信息

还有一些原因与医院直接相关。医院的高度专业治疗意味着会提供更多常规检测和介入。同时在医院内部，把患者从有效疗法转移到姑息疗法也存在着阻碍。

研究者提到的两个主要原因是来自病人家庭的压力和医生感觉被锁定了有效疗法的角色。

或许这就表明病人家属需要让医生知道，他们并不期望发生奇迹。而这又回到了我们怎样和医生沟通的主题上来，如果我们自己不能沟通，我们的家人一定要负起这个责任。

即使你是完全清醒的，也不用质疑你有自主决定的能力，但为了确保你的临终遗愿会被认真对待，最好的办法是清楚表达你的愿望，尽管在住院以前你已经想好并且写好了书面材料。

第六节　非复苏指令

非复苏的指令是否要遵守？如果要遵循，需要在你的预先照护指令中对它们进行解释（如果这是一个你需要指示的状况，而不是一个计划）。传统的理解一直是，在术中或者术后不遵循非复苏指令。

理想状况下，我们应该在手术前还非常清醒的时候，与我们的麻醉师和外科医生讨论我们的愿望。但目前麻醉师仍旧没有更多地参与这种谈话。我们需要非常清晰地解释我们的想法，能够告诉医生我们需要做手术，但是万一出现什么差池，我们不希望被加以施救。

这将会导致另一个问题，如果对你进行了复苏，在这之后你过着高质量的生活，那么我们的非复苏决定会被认为是合理的吗？你可能会发现，如果医生认为复苏将会有个好的结果，那么你的非复苏指令就会被忽视。他们的临床责任比他们认为你或许想要什么的问题更有价值。如果医生坚信这不是"最好的方法"，他们没有义务坚持一个错误的指示，在这样的情况下，应该首先对此进行讨论，随后达成共识。

另一种情况也值得考虑。如果你的非复苏指令是以前写的，而实际上你并不想让医护人员从字面上去理解，那么就需要让你的医生和家人知晓。

通常，非复苏指令和非尝试复苏只涉及在病人出现心脏成呼吸停止时的决定。但是如果要让病人在重症监护室或者急救状况下存活，也需要采取其他的行动。比如，对病人放置呼吸机以帮助呼吸。对他们的气管插入导管以保护肺部，或者对他们插入胃食管帮助进食。

要确信你已经全盘考虑清楚了，并且你所有的治疗医生和你的子女理解了你这方面的想法。当你的已经成年的孩子逐渐长大，过着完全不同的生活，他们对此事的态度是微妙的，有时是天壤之别，这与他们价值观的变化有关。所以要确保你的表述是清清楚楚的，是不会产生误解的。

如果讨论你的死亡话题是个禁忌，那么你可能不会明白由此可能会产生的紧张家庭氛围。不和你的家人谈论你的病情是你的权利，但是如果你对此重要议题有偶尔的基本交谈，你的家人就不会被置于一个不得不进行猜测的境地，也不会彼此争论你到底想要什么。

对此议题的纷争是正常的，它也会引发兄弟姐妹之间的冲突。因为议题如此重要，所以冲突经常发生。

如果你有清晰的文件，那么你的家人只需要将你做的这个决定生效就行了。

第七节 死于家中

朱莉·F. 对于将自己的父亲诺尔曼带回家，让他在家中去世的正确性毫不怀疑，即使她不得不与父亲所在的大医院斗智斗勇，并带父亲逃出来。她说许多人死于大医院，因为你一旦进去就很难出来。

朱莉的故事说明了在姑息疗法照护团队的指导下，你能够在家中达到的目标。

所有的决定都由朱莉来做，因为她的老母亲得了老年痴呆症。诺尔曼感觉在公立医院受到了轻视，并且告诉朱莉他想回家。

"我尽可能地使用这种表达：'我们想在家使用姑息疗法。'"朱莉告诉我，"但那些年轻的医生对此毫不在意，还不停地告诉我，医院可以为父亲做更多的事情。"

他们说："'我们在医院比你在家能更好地照顾他，因为医院有所有的医疗设施'。"但是我只是不断地表示'他只是想死于家中'"。我开始使用"死，死亡"这样的字眼。他们不喜欢我这样做，但我仍然坚持。

拖延了一段时间后朱莉认为这不是理智的做法，最终联系了姑息疗法团队。一旦诺尔曼出了院，医疗团队就把责任扔给了他的家庭。诺尔曼在朱莉的起居室受到了照顾，起居室位于家的中间，人们来来往往。

姑息疗法团队曾经说过，"如果你把他放在卧室里，卧室通常在房子的另一头，他将会远离别人，但其实他仍旧想要家人围绕着他。"

诺尔曼开始大小便失禁了。

我们帮他擦洗。家人都是成年人，所以无论谁在这里，我的兄弟，我的儿子们，我的侄子们，任何一个在这里的人，都会为他擦洗。

诺尔曼的头脑是清醒的，临终前 10 天经常与我们交谈。

他会说：我可以吃个柠檬雪糕吗？然后当他吃完我们就坐在那里交流，他经常说他希望我照顾好妈妈。

柠檬雪糕变成了诺尔曼清醒时的一个固有物件，诺尔曼的家人将招待柠檬雪糕作为一种记住他的方式。临近死亡时，朱莉给父亲用了吗啡，是社区照护人员教她这样做的。诺尔曼开始睡得越来越多。

但是当他醒着的时候，他是非常清醒的。

他开始说，"我想离去了"，我便说，"好的。如果你想离去，没有问题呀。你安心走吧。我已经把母亲安排好了"。因为他仍旧意识清醒，一直到最后一刻都是，我相信他会做出选择，他会决定他的死亡时间。我对弟弟说他会决定何时是最好的时刻。

一天凌晨，朱莉和弟弟通常在这时都是醒着的。他们在父亲的床边坐了几个小时。五点钟，朱莉的妈妈来了，像往常一样加入他们，她通常要睡整晚觉，几乎感觉不到发生了什么。

"我说，'来坐下。'我坐在椅子上，妈妈在中间，弟弟在另一边。我开玩笑说，'亲爱的爸爸，我们三个都在这儿，没有人打架'。然后他笑了。"

"大约半个小时后，我们正在交谈，弟弟和我看了一眼父亲，发现他已经停止了呼吸。在我们都意识到父亲停止呼吸的那一瞬间，母亲却没有。母亲还没有理解发生了什么，但我们都起来亲吻了他，触摸他，与他告别。我早知道他做出会选择。在我们都在他身边的时候离开，这是他想要的。当时我们都坐在黑暗中，没有穿睡衣，也没有盖毯子。"

大约一个月后，朱莉做了一个梦。诺尔曼回来了，他说："你做得对，你在正确的道路上。我现在走了。"

然后她醒了，说："你走吧，爸爸。"

人们在临终时回家的动力是非常强的。澳大利亚的一手数据显示70%的澳大利亚人想死于家中，死在自己的床上，这是基于2000～2002年由南澳大利亚研究所收集的数据得出的结论。相似的统计数据在其他国家也被广泛地引用。但实际上在澳大利亚，仅仅约有12%的人死于家中。

在澳大利亚，直到最近，进入社区开始在病人家里工作的姑息疗法团队，仍然不会在临终者的床边花费太多时间。在撰写此书时，联邦和州政府投入了更多资金，希望能改善这种状况。

任何人都可以寻求姑息疗法团队的指导。但是，除非由治疗专家援引，医院的住院病人见不到姑息疗法团队。在社区，除非特殊情况，一般需要医生推介。

第八节　最好是在老年护理机构里死去

老年护理机构提供各种帮助，从日常起居到 24 小时的护理。

有些老年机构主要用于独立生活。他们都有独立的单元来保证私密生活，然后有一个大众餐厅，并有工作人员为他们做家务和保洁。独立生活设施最大的好处是有人监护。除了不用担心购物、维护和清洁，还不用担心如果哪里出了问题，你会被忽略。如果你生病了，晚上没有来吃饭，也会被注意到，并且工作人员会采取措施。

当工作人员对住户进行监护的时候，他们不履行护士的义务。这通常是入住这种老年机构的条件，如果居民需要照顾或不能够独立去餐厅吃饭，那么出租合同是无效的。然后住户必须找到具有更高标准的老年护理中心。有些机构有双重标准，但是我们不能预先假设。

老年护理机构的下一个阶段就是满足你的一切护理要求。当人们生活不能自理的时候就可以去这些地方。但这种设置也有问题，我怀疑现在在澳大利亚出现的关于死亡的问题不会以同样的方式发生在英国和新西兰，即使 2011 年的一项研究显示新西兰在长期住院护理中死亡的人数高达总住院人口的 48%。

许多倡导者再次提出，希望皇家老年护理质量安全委员会将临终护理的相关问题提出来。

老年护理机构的临终问题区域

提及姑息疗法，许多老年护理机构都存在盲点。撰写本书时，有35%的澳大利亚人在那些结构里从事他们的死亡计划。这个数据不包括在这些机构中工作的人，尽管也有一些例外。但我要指出的是，我们在各州与联邦政府的职责划分的争论上缺乏集体想象力，而且对负责经营这些老年机构的企业，也缺乏由政府引导的持续的协商，以做出必要的改善。

露西的妈妈在 2018 年在老年护理机构死于老年痴呆，她讲述了一个大家特别熟悉的场景。

她的妈妈安吉拉快要死了。安吉拉处在严重的老年痴呆的最后阶段，她深陷在恐惧和痛苦中，已经失去了沟通的能力，她大声叫喊，伤害自己，这种严重状态已经持续有一周了，尽管她在生命的最后阶段服用了好几种药物来控制躁动的症状，但仍然不太管用。

"很明显，妈妈已经超越了痛苦的极限，她喊叫，掐自己，用拳头猛击自己，并且抓伤自己。"

安吉拉所在的悉尼老年护理机构是崭新的、漂亮的，装备精良，但是人员配备不足。

安吉拉有预先照护指示，但是她的希望被她的丈夫——露西的父亲否决了，后者也是痛苦的。这种违背病人自身的意愿而顺从配偶意见的情况，是很普遍的。

"爸爸可能并不真正明白需要做什么。我们其余的人都知道安吉拉不想保持那样的状态，但是爸爸被自己的痛苦和优柔寡断冻结了，虽然他自己也是个医生。"露西说。

"我们必须为妈妈做些什么。"成年的孩子不断地告诉他。

"我不知道能为她做些什么。"他们的父亲反驳说。

"你不必成为那个知道做什么的人，你也不必成为那个需要知道答案的人。"他们回答道。

最后参与家庭护理的全科医生来看望安吉拉，但是对她的护理计划没有做任何改变。

"他做了一个短暂的敷衍的拜访，甚至都没有对她做检查。"

"妈妈继续着这种痛苦的状态。所以我的姐姐和我决定要给与养老院有关系的医学院打电话请姑息疗法团队支援。"但是他们说他们无能为力，没有全科医生的指示，姑息疗法团队不能来医院。但是到现在我们对他已经失去信心了。我们要自己掌控全局。那天晚上我们给一位老年医学专家打电话，妈妈住院前一直在他那看病，现在已经三个月没有见面了。

"我们告诉他的秘书，妈妈急切地想见他，于是他第二天就来了。"

当老年医学专家到来的时候，他立即做了一个评估，确认安吉拉很可能中风了。

"他检查了安吉拉的视力，能清楚地看到她只能使用一只眼睛和身体的一侧。我们回顾之前的一切并且猜测她的自我伤害可能是由于中风，并因此感到困扰和恐惧。"

老年医学专家立即制订了疼痛管理计划，包括他称之为"安慰措施"的吗啡，通过吗啡减轻痛苦，可以使病人在生理上和心理上保持舒适。他问安吉拉的家人们是否明白这意味着什么以及相关的风险，他们都说明白。虽然父亲没有回应，但露西和姐姐问这个计划能否立即开始。老年医学专家立刻准备了合适的处方。

家庭护理的吗啡处方因人而异，有很大不同，往往是度身定制的。露西的妈妈和其家人需要承受进一步的痛苦，因为虽然养老院是重要的委托人之一，但养老院只有与特定的药物一起作用才能填补吗啡不足所带来的空白。所以安吉拉直到第二天的下午一点才获得了第一剂吗啡。

最后，在注射了两剂吗啡后，安吉拉从持续了一周的疼痛和痛苦中得到缓解。如果姑息治疗在养老院更严格地应用，这些痛苦是可以避免的。

在给安吉拉注射吗啡大约 4 天后，死神降临了。她的成年子女，她的丈夫和家人也遭受着痛苦和创伤，他们仍旧没有从这件事情中恢复过来。

我听过人们讲述自己年迈的亲戚在老年护理机构中死去的经历，类似这个故事的各种版本不断地在我耳边重复。我相信那个时刻很快会到来，即我们会回顾事情的经过，并质问我们为什么会让这一切发生。

我们容易把老年人想象成精神错乱，意识不清——在某些情况下会持续数年——对发生的事情毫无意识，在无痛中死去。这确实发生在某些人身上，但并非所有人。也许直到最近我们都不把这种死亡当回事。

在 2016 年，据澳大利亚健康福利研究所透露，全澳大利亚仅仅只有 5% 的永久性老年护理机构的居民被评估为需要姑息疗法。然而他们对于姑息疗法的需要一定是全国最高的。毕竟有高达 96% 的生活在老年护理机构的人将会在那里死去。这些老年护理机构坐落在普通的郊区街道上，在我们的文化中，很多老人都在这些地方隐蔽地完成了他们的临终之事。

但是，姑息疗法专家正不断获得进入老年护理机构的机会。一名姑息疗法专家说，我们要记住仅仅只有一小部分垂死的病人需要专业的姑息疗法。临终护理是每个人的责任，包括全科医生和其他专业人士。与社区和医院护士一样，他们也需要做大量的工作。在这种情况下，人们可能会咨询姑息疗法专家，也可能不会，这要依具体情况而定。如果姑息治疗专家要照顾所有的濒死病人，那么他们会被工作淹没。

我们不想让更多的专家卷入常规性的事情。但是我们需要区分清楚需要哪些较多的干预，而哪些不需要那么多。

据预测，从 2016 年到 2050 年，澳大利亚 85 岁以上的人将从 40 万增加到 180 万。到那时，估计每年将会有 350 万澳大利亚人进入老年护理服务机构。

澳大利亚有太多的老年护理机构错过了姑息疗法的最佳时机。在这个时代，人们已经认识到，越早引入姑息治疗越好。是的，在某些情况下，有些长寿老人会在寿终正寝的情况下离去，没有病痛，也不需要特别照顾。但是当他们住在养老院时，我们应该质疑是否有足够的资金注入以保证满足这两个不同群体的需要。

这种脱节令人不安。好在这种情况正在改善。最近几年，一些机构已经开始雇用具有临床护士顾问的姑息照护团队。但是做这个的人太少了。许多人依赖的姑息疗法来自于医学院，而在那里姑息疗法是为了满足教学需求。但是需要是被现实定义的，因此对姑息疗法的使用权是由老年照护机构控制而不是医院。

因为历史的偶然，老年照护机构是在联邦政府的控制之下而不是在州政府。所以在州管理的公立医院的姑息疗法正在发生的革新，并没有发生在老年照护机构。姑息疗法团队没有自动进入老年护理机构。有些姑息疗法团队进入了老年护理机构，那是因为管理他们的组织对此做了要求，而这是不能收取酬劳的。如果需要的话，姑息疗法团队能够从医院进入社区家庭并且立即提供细致入微的支持，但是一般来讲他们不能把他们的护理延伸到老年护理机构。撰写本书时，姑息疗法机构和老年护理政策制定者试图纠正这个状况，但这个问题无法很快解决。

就像前面提到的许多复杂经历一样，澳大利亚的另一个问题是，联邦法律没有要求老年照护机构必须有晚上值班的注册护士。

墨尔本阿尔弗雷德医院的全科医生卡伦·希区柯克，她在墨尔本的阿尔弗雷德医院负责老年人护理工作。她在书中充满激情地论述了关于老年人和临终关怀的主题。她的病人经常是从老年照护机构转来的。他们常常因为脆弱不堪而无法在家生活，家人只好将其送到老年照护机构，但最后却往往在医院死去。

"因为在老年照护机构没有注册护士在晚上值班，来医院的病人存在许多问题。如果我们的养老院有受教育程度达标的移动医疗团队，并且在养老院有足够的人员配备，这样也许就可以避免一些入院的情况。"

据估计，发生在澳大利亚医院的所有死亡案例中，大约有 13% 的病人是中转到那里的长期住院者。

在新南威尔士州，当没有接受过医疗干预和评估训练的私人护理助理发现病人有情况时，他们必须提醒那些劳累过度的护士长打电话给不在现场的全科医生。

先由私人护理助理与护士沟通，护士再与医生沟通，医生才可以开止痛药，所以止痛药往往姗姗来迟。

一名医生说对每个人最简单的解决方法，就是打电话叫救护车把病人送到医院，尤其是在老年照护机构缺少人员配备时。

"几乎很少有机构会让这些年老的病人在他们那里去世，即使病人已经在那里住了一段时间。"他说。

有时候会发生相反的事情，私人护理助理会犹豫是否要打扰他们忙碌的长官。

当病人家属致电一家医学院的远程姑息治疗团队，只有当病人在那家姑息治疗服务中心注册时，他们才会给出建议。在患者第一次疼痛发作后，在得到有效治疗之前，需要进行太多的协商。这对病人的疼痛管理有着巨大的影响。

联邦政府的有关临终照护的政策表明，在老年照护机构，应当建立一个系统，保证每周七天，每天 24 小时都能有机会接受必要的姑息疗法。医生应该能够通过电话和视频会议得到有关姑息疗法的专业意见。但是这些澳大利亚的家属们分享的故事表明这种情况并不常见。

需要考虑的事情

如果你正在考虑进入某家老年照护机构，那么进去之前请先研究一下它的姑息治疗的方法。因为等到你真正进入某家老年照护机构的时候，你已经过于脆弱而无法照顾自己了。

引申开来，你的孱弱的病体会让你无法有效地进行这些讨论。所以要让你的家人或其他的支持者清楚你要问的问题的答案。在你进入老年照护机构之前就应该使这些答案一目了然。

下面是有些你可能想要问的问题：

➢ 这家机构是如何管理姑息疗法的？

➢ 工作人员受到了哪些专业的姑息疗法训练？

➢ 我可以和工作人员讨论我的预先照护计划吗？

➢ 相关医生熟悉姑息疗法和老年垂死病人吗？

➢ 如果我需要特殊的设备，比如因为卧床疼痛我需要波浪形的垫子或者氧气瓶的话，我的家人和谁联系呢？

➢ 如果我快要死了，而医生不在，有能够联系的临床护士可以咨询吗？

> 这家机构的系统如何联系最近的专业姑息疗法团队呢？如果我处于疼痛中，他们的反应速度有多快呢？

> 当我临终时，我的家人如果想要陪伴在我身边，他们如何得到支持和鼓励呢，即使在夜晚？

> 我能跟谁讨论我的宗教和文化呢？

> 我可以得到一份这些问题的书面答案吗？

> 由老年护理机构管理委员会提出的这些问题有参考文献吗？

这一切给你留下了什么？

姑息疗法学者帕特·麦克维研究发现一个有意思的现象，当养老院的居民被问道他们为什么来这里时，他们说"因为医生告诉我们这里是我们应该待的地方"。这样的话经常在他们最后一次住院的时候听到。（他们没有说"因为我的糖尿病很不稳定或者心脏状况更差"。）

这个答案的麻烦在于它将你对自己的处境的控制权交给了别人，使你处在一个有教养的无知状态。它使得医疗团队讨论的对象是别人而不是你。这个态度可能在过去是可接受的，但是为什么你现在还必须接受呢？因此，再强调一次，如果你想对自己的死亡拥有掌控权，关键是保持对自己身体的感知，明白身体向你传递的信息。

另一个问题与死亡后的阶段有关。家人有权向刚刚去世的亲人道别。悉尼有个案例，有位老年女性死于凌晨1：30，她的家人被告知，出于对众人的健康和安全负责，她的遗体需要在三小时内被移走。这不是真实的。根据澳大利亚健康照护质量安全委员会的规定，家人应该有权聚集在死者床边进行告别。如果在家人完成这一最重要的基础的人类行为之前，护理机构不能容纳和存放逝者遗体，那么肯定是哪里出了问题。

第九节　死于临终关怀救济院和姑息疗法机构

"二战"以后，医疗知识的爆炸导致了今天庞大的、复杂的、现代的、以科技为基础的医学院的增长，人们期望在这里能发生医疗奇迹，医院的公关人员也卖力鼓吹医院治愈的非凡功绩。在这条科技医疗的道路上，临终关怀救济院和姑息疗法机构就是其中的小岔路口。它们缺少令人炫目的仪器，比如电脑断层扫描仪和旨在治愈疑难杂症的科学实验室。（全世界范围内，术语"姑息疗法机构"或者"姑息疗法医院"有时会替代"临终关怀救济院"这个词，所以被用来描绘这种机构的词汇千差万别。）

在澳大利亚，各州之间，提供医疗服务和医疗保健的临终关怀救济站和姑息疗法所存在很大的差异，他们的运作都是依照当地的医疗实践和医疗保健体系规定而进行的。但是姑息疗法的目标已经得到了广泛的了解并且赢得了认可。

由于姑息疗法的使用频率在增长，其支持团队的技术范围也在扩大。人们的思维方式也发生了转变。没有了必须由最懂科学的人来指导整个护理团队的等级结构，护理的角色变得更加"扁平"，因为科学并不是对抚慰临终者做出唯一贡献的。"共同决策"是姑息疗法的典型特征，它的指导哲学认为，当强大的网络在所有人（包括社区）之间运行时，质量就提高了。

　　姑息疗法计划包括倾听病人生理的、社会心理的、情感的、文化的和精神的需要。任何其中一个领域的压力都会与缓解和适当管理它的目标联系起来进行评估。优秀的姑息疗法团队既担心垂死的病人，也关心其家人。家庭成员会在他们的考虑之内。这不仅对垂死的病人更加有益，而且会对在这条路上坚持走下去的家庭成员有所帮助，降低心理上和健康的风险。

　　姑息疗法曾经被严格限定为在临终关怀时采用的疗法，但是它的定义也在逐渐变化，包括支持病人有更好的生命质量。理智清醒的医生会在诊断后尽早地让一位姑息疗法专家加入，后者的角色随着条件的改变而变得越发重要。比如，一个肿瘤学家能够为病人做的很有限，但姑息疗法团队却可以为病人做得更多。

第十节　和医护人员讨论死亡

如果你想要就临终愿望进行沟通，那么你需要大声宣读你的书面证词。

医生发现很难诚实地与病人讨论临终事宜以及真实愿望，这一现象在医疗文献中被讨论过很多次。许多重症监护专家发现自己不得不和重症监护病人讨论临终事宜，而病人并不希望在那时讨论这些事情。最直言不讳地提倡整体护理方法的往往是重症监护专家。而常常不想坦率地交谈的并非重症监护病人，而是其家人。医院工作人员需要做出符合你最大利益的决定，为了做到这一点，他们承诺接受你的意见。但他们需要绝对自信，相信你现在告诉他们的事情是经过深思熟虑的，而不是基于对短暂经历的临时反应。

所有护理领域的专家都见证过情绪低落的病人，他们纳闷为什么这些病人要接受特殊的看护和手术，仅仅是为了数月之后兴高采烈地走出房门，拥抱和感谢那些让他过上正常生活的医护者们。

在病人患有绝症的情况下，同样的场景会发生，除非病人会因为得到或多或少的额外的生命时间而心存感激。心脏搭桥手术过去常常被归为老年手术这一类。直到最近，医生还不情愿为 80 岁以上的人做冠状动脉搭桥手术。但现在，它通常在更加年长的人身上进行。心脏外科医生说最近他为一个 93 岁的病人做了冠状动脉搭桥手术后，她多活了 4 年，所以她非常感激。外科医生相信她对那些额外的岁月充满热情。他自信她能顺利通过手术，并在这之后会有着高质量的生活。

所以你如果不想在危急时刻进行复苏，或者不想要英雄版的医疗方法，你需要在生病以前，判断力良好的时候，宣读你的深思熟虑的决定。在这个时候，书面文件和你指定为你发言的人的参与就变得非常重要。

2018 年医院首次引入老年护理协调员的角色。有些姑息疗法的护士指出，当病人还在其他专业医院治疗的时候，当疾病早期治疗需要协调员提供的信息时，他们医院的协调员却隶属于姑息疗法部门。

"人们进入姑息疗法的时间点，真的是太晚了，这导致他们无法考虑临终计划。理想的状态下，应该是协调员会和医院的其他部门的人员一起配合工作。"一名姑息疗法护士说道。

上述协调员说，好消息是六个月后，她将和其他团队一起合作，收集数据以开发更好的方式记录病人的疼痛，去增强与姑息疗法护士的联络，及早发现躁动的迹象。

第十一节　你需要一名独立支持者吗？

人们常常感到对医疗环境、设备、训练有素的医护人员以及技术流程不知所措，更不用说他们担心自己的健康问题。此外，他们很在意尊重那些为他们努力修复病体的人所付出的巨大辛劳。所以他们不愿意说什么。

即使你早先的时候做过预先照护指示，但当你面对疾病，尤其到了晚期的时候，你可能需要一名独立的专业的支持者的帮助。

在澳大利亚这是一个相对较新的概念。独立于医院的支持者现在才开始拓展他们的专业角色。

大部分的医院工作人员都是善意的，并且是高度专业的。有些人在进入一家特定的医院之前会觉得与熟悉他们状况的人一起工作会更有安全感。

支持者的自主性意味着一种独立性，这有助于人们在对医院工作人员不太有把握的时候信任他们。一旦病人确诊，在他们需要做出有关手术和长期照护的决定前，来自支持者的帮助将会起到重要的作用。

多萝西·卡马克在做了多年护士之后，她构建了自己的支持者事业。通过这类经历她意识到了社区的需要。她描绘了带着不同目的来到她这儿的两个病人。

贝蒂想让她 93 岁的母亲伊莱恩安然离去。伊莱恩因身患绝症住院三年了，治疗无效，没有康复的希望。贝蒂觉得因为她无法避免不必要的遭罪而让母亲失望了。

"我们一起对治疗方案的调整进行了协商，从医疗到姑息治疗都考虑清楚，贝蒂得到了令人难以置信的解脱。她收到了最好的结果，母亲平静地死去了。她虽然悲伤，但很骄傲自己为母亲减少了痛苦。"多萝西说。

多萝西的另一个病人安娜，被诊断为患有晚期癌症，完全出乎她的意料。

"安娜从健身房里走出来后，却在医生的诊室中被判了死刑。她表面上健康状况良好，这让她对严峻的病情完全没有准备，她因为痛苦和失落而变得不知所措。对安娜来说，化疗和免疫疗法是无法接受的，它们是对自己进一步的伤害。"

"她认为试图延迟不可避免的结果是徒劳的。我的职责是了解安娜的目标和期望的治疗方案，并成为她可以依靠的独立专家支持者，使这些目标在她的健康管理中处于首要位置。长话短说，她的房子一个月内被拍卖了。她的成功的免疫疗法告诉我：'如果没有看到那些检测结果，我都不会相信我的身体出了问题，你给了我一个最意想不到的建议，把姑息治疗作为一种提高生活品质的方式，而不是作为最后的选择。'我的那些难以置信的悲伤和失落消失了。"

多萝西说，对许多人来说，医疗需求最大的时候，正好是他们应付能力最弱的时候，他们需要评估和决定采取何种最优化方案。

"现在还不是放手的时候。"

近来她为一位女士工作，女士的家人认为她的养老院并不理想。他们没有自己评估的专业经验，所以向多萝西咨询。

"上周接手了两例当事人死亡的案例，第一例是老年痴呆症患者，其妻子和家人都见证了整个过程，听取了有关可能会发生什么以及怎样处理的意见，收到了最满意的效果。

"在第二例中（一位 78 岁的健康持续恶化达 8 年之久的老人），有斗争，冲突，欺凌，法律命令强迫医院继续治疗，还有愤怒和痛苦。更不用提道德上的选择了。

"这就是一个问题的两个方面。就像教科书说的'怎么做'和'怎么不做'。我的体会是，在危机或悲伤到来之前，每个人都有责任表达自己的愿望。我们需要社区论坛和电视展示这些。"多萝西说。

路易斯·梅斯提供相似的服务。父亲临终时她面对的那些困难激励了她，使她有了新的生活方式。（下面我要讲述这个故事。）

"随着年龄增长特别是当健康危机来临的时候，几乎所有的人都会感觉到不知所措。"路易斯说，"作为我的已故父亲的直接遗产继承人，基于我的经验，我已经成为许多家庭的求助对象，我帮助他们做他们的临终计划。"

"我们开始带着目标起草计划，如果需要，我们也可以留下来支持整个过程，帮助他们实现这些目标。我们有一批熟悉的合作方，并能为客户提供迅速有效的解决方案（法律的、医学的、资金的、姑息疗法的，家庭修正服务和许多其他方面的）。通过这样做，我们可以提高委托人在家度过临终阶段的机会，如果这是他们想要的方式的话。我们发现个体差异天壤之别。所以我们帮助制定的个人计划要确保他们拥有在哪里居住和如何选择的权利。这是最基本的。这不仅能帮助那些处在生命最后阶段的人，而且帮助了他们的整个家庭。这意味着他们能够获得更多的'高品质'时间而非'工作'时间。"路易斯说。

这些支持者服务的一个显著特点是，它们将一批专业人士（如财务顾问、医生和医疗保健人士）聚集在一起，这些人与客户有着相同的目标和价值观。这可能会在你压力巨大的时候为你和你的家人节省很多时间。

如果你认为自己需要一个支持者，那么请让你的家人知道，甚至可以写入你的预先照护指示。你可以仔细研究并找到你想要让他代表你的那个人。即便你已经没有精力自己去找这个人了，那么你至少已经为你的家庭指明了正确的方向。他们就会知道要做什么，他们会开始用谷歌搜索输入"病患支持者"。在做这项研究的时候，关键是和那些与支持者一起工作过的人的家庭成员进行交谈，就像你在找一个照顾孩子的人一样。

第十二节　朝向未来

不幸的是，今天仍有许多没有及时通知姑息疗法团队的例子。这可能是因为家人和照顾者的阻挠以及医疗专家的介入。

路易斯·梅斯在其81岁的父亲在悉尼医院去世前是他的支持者。她的父亲患有多种致命性疾病，其中就有癌症。当他住院时已经非常虚弱了，路易斯的直觉告诉自己父亲活不了多久了。她请求一名医院任命的社会工作者介入姑息疗法治疗。

"她谴责了我，说太早了。"路易斯说。"这让我觉得很可怕，好像是我在加速父亲的死亡，我根本不是这样想的。过了一段时间，随着父亲的病情逐渐加重，尽管社会工作者拒绝和我们联系进行姑息疗法，我决定直接找医院的姑息疗法团队。他们很惊喜，并立即指定一个专家接洽我们。"

"这个新医生很快确认父亲已经快走到生命的尽头了。尽管听起来很难受，但得知医院系统里有人可以为减轻父亲的痛苦做点什么，还是让人如释重负。"

"姑息疗法团队的医生坦率地向我们谈到了父亲的选择。他解释说不能再将父亲安置到康复中心了，因为他的身体已经无法承受那些康复手段了。而父亲和我对此已经期望了几周了。"

"这留给我们两个选择，第一个是把他从医院搬到养老院等待着即将到来的死亡，第二个是去掉所有的治疗，依旧待在医院里等待自然的迅速的死亡，而不是潜在的缓慢的死亡。""我们没有想到带他回家也是一条路子，没有任何人提到、建议或者给我们咨询过。"

"父亲选择了第二个选项，在几天内所有的介入治疗全部停掉了。感觉好像他的身体在很长一段时间里一直尝试着死去，而专家们努力让每一个衰竭的器官继续活下去的斗争让身体筋疲力尽了，一群专家，专注于纠正一个问题，却制造了另一个问题。"

"一天下午，那个社会工作者在这周的第二次来病房看望父亲，而且问了为什么把父亲从医院的病床转到养老院的病床上的计划没有执行。我解释说父亲选择支持姑息疗法。不可思议的是，我再一次受到了关于介入姑息疗法以及医院是否'允许'父亲死在医院的病床上的质疑。"

"尽管父亲虚弱得快要死了，但直到最后几个小时，他还保持着头脑清醒，听力也毫无受损。我毫不怀疑他听到了那次谈话。三个小时后他死了。整个过程让我彻底失去了幻想。"

尽管大医学院引入姑息疗法团队的本意是好的，但那些在医院体制内的人，甚至是医生，即使是好意，也会对此设置障碍。路易斯的幻想破灭促使她想建立这番事业去帮助相似情境下的人们。

但是人们的态度发生了变化。姑息疗法团队也需要认清，提供最好的医疗支持与仅仅出现在临终者面前不是一回事。如果他们的照护目标也包括参与的听众（比如在那与病人一起工作的志愿者和牧师）的话。

琼是丈夫的主要照顾者，一直到他生命终结。她说能与姑息疗法团队的非医疗支持者交谈是个莫大的安慰，因为她可以随意发泄，什么都可以说，而不需要把它变成文档化的操作步骤。

第十三节　我们绕了一圈再来谈谈生命的质量和优质死亡

今天的姑息疗法环境，无论是在临终关怀医院、病房，还是在医院留出的一个小房间，都是理想的地方，在那里传统的医院规则都被放宽了。宠物可以进入，探视时间不受限制，人们可以拥有他们希望的更多的访客。这些地方是那些重病患者可以来对他们的绝症进行一个短期的姑息疗法的场所，也可以是临终时再次到来的地方。它们的整体目标是管理病人的症状以确保高质量的生活。

一个综合的姑息疗法团队应当包括：

➢ 护士

➢ 姑息疗法专家

➢ 在姑息疗法方面有兴趣的全科医师（尤其是在专家稀少的边远地区）

➢ 专注于失落、悲伤和丧亲之痛的服务

➢ 志愿者

➢ 相关医务人员

➢ 牧师和教牧关怀工作者

➢ 医疗工作者

> 社区成员

> 肿瘤学医生

> 辅助治疗师

　　如果将它们排列做个说明，这个组织将会是个圆圈，中心是病人及家人和照顾者，其他团队成员环绕四周。姑息疗法指导者相信，一个全盘的非等级制的方法最起作用。维多利亚姑息疗法的口号是"没有能够满足所有人的要求的超人"。

　　作为提醒，我们在考虑"好的死亡"的时候必须谨慎对待的一件事是，我们不能把"优质死亡"变成"正常"的死亡。我们必须要小心不要将"优质死亡"定义为只是为了减少医疗费用而在医院之外死去。我们也必须要注意，假设有更多的人要求减轻痛苦，要求注射镇静剂，沉睡直到死亡，这并不是"优质死亡"的狭隘定义。

　　一个姑息疗法专家告诉我："'善终'不是我喜欢的一个词语，谁来决定'善终'的定义呢？它只是一个人选择自己死亡的方式而已，那就是他们自己的死亡。"

　　临终关怀医院和姑息疗法病房都引入了许多医疗评估、护士评估、心理社会评估和功能性的评估。在诊断初期你的护理需求很小，但在疾病后期会逐渐增长。心理社会评估会问：你的情感需求，你的精神需求，你的福利需求和你的家庭需求是什么？

　　功能性评估就是职业医疗师的介入。谁能够想到，仅仅就在不久前，职业疗法会成为姑息疗法的左膀右臂？实际上，它正逐渐成为一个重要的方法。职业疗法是一种专业，旨在帮助病人做日常生活中重要的事情，并使他们能够做他们需要做和想做的事情。

　　由于人们对提供更好的姑息疗法的目标逐渐变宽，各处的医院都意识到了他们能做到的最好的事情就是帮助病人在临终前拥有更好的生命质量。在姑息疗法团队工作的职业医师会进入病人家庭，评估病人的环境，以便他们在家中可以活得更久，满足他们在家中死去的愿望。

比如，可能需要在浴室的马桶旁边放一个额外的手杖，以便病人虚弱的时候，能够获得额外的支持，或者他们能够改变某些人做事的方法，比如他们做饭的方式，以便于他们可以随自己心意想做多久就做多久。迄今为止，这和普通的职业治疗师所做的并没有太大的不同，他们在对体弱多病的老人进行老年护理评估时会对他们的家进行改造。

但是姑息疗法职业治疗师要确保病人需要的设施（比如病床）是从当地医院的社区渠道借的，而且护理人员知道怎么使用它。这就意味着在家照顾病人会更容易，临终者也会更舒服。但是一个姑息疗法职业医疗师也可以帮助他们完成最后一件事情或者帮助他们整合资源和精力，为他们所爱之人写回信。

最重要的是他们将会坐下来和姑息疗法的病人一起做个评估，看看他们的目标是什么以及如何实现。

西悉尼大学研究姑息疗法临床实践的凯瑟琳·汉米尔医生，解释了职业治疗师是怎样帮助人们继续生活并且参与有意义的活动的。

"大部分人都珍视与家人和朋友一起度过的时光，但对他们来说什么是最重要的却因人而异。"她说。

她接着举了一个例子，一个人可能真的想和朋友一起去当地的咖啡店喝一杯咖啡。

"职业医疗师将会帮助他们制定每天的时间表和计划日常活动，以确保他们有足够的精力做此事。职业医疗师还会确认咖啡店是否可以进入，并确信会有一个轮椅，如果需要的话。当病人身体虚弱到不能再去咖啡店，职业治疗师会为他们寻找另一种方式，让他们继续喝咖啡和朋友聚会。"

"但是另一个人或许对日常的咖啡约会根本没有兴趣。对他们来说，最大的目标是能够做一顿美食，然后全家人围在一起吃一顿家庭大餐。同样地，职业医疗师会帮助他们制定计划，考虑如何用他们剩下的有限的精力去工作。比如，职业医疗师可能会帮助他制定大餐的菜单，教他网上购物，或者建议用不同的方式准备大餐，而不是他们现在正在做的那样复杂和令人疲惫。"

汉米尔医生说："我们制定的时间表以及重新安排的活动看起来很平常，我们的委托人经常不希望停止他们手头上的事情，即使这些事情让他们感到疲倦或病情恶化。通过这种方式让我们的委托人喜欢上新的方法和习惯，有助于让他们保持活力参与其中，但以一种新的与众不同的方式。当他们不能够再做任何意义的事情的时候也不会有负罪感，这真的很重要，因为这使他们既能活出自己，又能面对死亡。"

我们需要摆脱一种观念，即认为当我们被送入姑息治疗中心时就意味着死亡即将来临。你可以在姑息治疗医院住一段时间，以控制你的症状，或者让你的家人休息一下，然后再回家。当然，临近死亡的时候，姑息治疗机构会是个强有力的支持，但是你仍然可以回家。

珍妮患有晚期肾病，她决定死于家中。到后期，珍妮脸上的污物已经两个星期都没有清除了。经常去她家的姑息疗法团队成员对珍妮的主要照顾者——她的女儿詹妮特说，珍妮的脸上的污物会给她带来痛苦和不适，这本来可以避免。但是珍妮仍然拒绝清除脸上的污物。

詹妮特已经向珍妮承诺不会做任何不必要的治疗来延长她的生命。但詹妮特意识到，因为血液中的毒素的影响，珍妮现在意识混乱，她害怕附加治疗会延长她的生命。

　　许多年前，珍妮的奶奶在绝症末期肠子堵塞，很快就死了。珍妮和詹妮特分享了她有关此事的记忆，詹妮特意识到这才是珍妮拒绝治疗的原因。

　　詹妮特把此事向姑息疗法团队进行了解释。当同样的事情发生时，团队成员必须在他们认为对病人最好的事情与病人基于误解的意愿之间进行某种平衡。他们的义务是避免因病人判断错误而扰乱他们的治疗，与此同时也会尊重病人的自主意识。

　　团队同意接纳珍妮进入姑息疗法病房进行治疗。尽管这违背了珍妮的意愿，他们发现她排斥治疗，因为她误解了他们的意图。他们也认识到她对自己的疾病有一定程度的认知障碍，这影响了她的判断。随后进入姑息疗法病房的计划实施了，而珍妮说她很高兴接受了这一计划。

　　珍妮的故事阐述了一些其他的问题：如果你决定不接受治疗，你需要了解你的治疗包括什么。提前计划你将接受什么治疗和不希望接受什么治疗是很有必要的，你需要一些好的建议。

　　当接受姑息疗法时要考虑三个问题：

> ➤ 姑息疗法现在很普遍。但是它已经进入你的社区了吗？你或许会发现姑息疗法在你生活的地方并不普及。或者因为你身体健康还不需要医生，这就意味着你可能不在健康保护服务的范围之内，所以你还没有受到过姑息疗法服务。

> ➤ 你的治疗团队对姑息疗法的态度是什么样的？他们在疾病的哪个阶段联系了医院的姑息疗法团队呢？当提到姑息疗法时他们有戒备心理吗？对可提供的服务，他们是积极参与还是敬而远之呢？

> ➤ 姑息疗法团队是什么样子的？他们是脾气暴躁的工作过量的

吗？他们使你有归属感吗？他们接受你的性别取向、服装选择、宗教信仰了吗？是否有足够多的人参与了这项服务，并付出了足够的努力来"接纳"你，或者你的相关者？

有时一旦我们与别人开启交流，许多担心就会消除。一个斯里兰卡人可能看上去像僧伽罗人，但其实是泰米尔人，就像你一样。或者因为他们的祖父母从斯里兰卡移民而来，并发誓永远不跟他们的家人谈论该国的种族冲突，因而不知道你们两国人民之间的祖辈紧张关系。

大部分的姑息疗法照护工作者将在应对病情多样性方面接受训练。但是作为一个被授权的个人，进入任何姑息疗法系统或者将你所爱的人托付给它，你都有权对有关照护标准的问题进行询问。要想被倾听和得到尊重，你需要做到在悲伤和痛苦允许的情况下客观地谈论这个问题。

第十一章

旅程结束：我们说出那个词『死亡』

我们需要学习谈论我们将如何死去，因为使用语言表达这个话题既能告诉别人我们想要什么，也能消除我们自己和他人的恐惧。

在集中的计划以后，我们可以坐下来好好思考一下了。我们并不想死去，但现在我们不那么害怕了。因为生命周而复始。

纽卡斯尔记者吉尔·埃柏森患了绝症，两年前，她58岁时被诊断患有卵巢癌。她的治疗团队预测她可能只能再活2～5年。她公开了自己的病症状况，同时她也告诉大家，她拒绝相信自己会死。

"我的肿瘤心理学家告诉我说这是一个称之为'功能性否认'的处理机制。它是一个习惯模式。我知道我在否认，但是我也知道如果我不否认，我早上就无法从床上爬起来。"

"功能性否认真的是很有用的处理机制，我们知道了事实的真相：真的不可能再活很多年。功能性否认允许我们走，'好的，我知道会发生什么，但是现在我确实不在那个地方。我可以考虑能做什么，我甚至有希望和梦想活十年到二十年'。"

这些话是吉尔在她建立的"平静的吉尔"的播客中说的话。吉尔准备这个播客的目的是既可以通过拒绝让疾病为自己定义来抵制它的消极影响，又可以提高人们对卵巢癌的觉醒。

"卵巢癌研究没有引起公众关注的原因在于大部分的卵巢癌患者都早早离世，不像乳腺癌患者能坚持更长的时间，可以为提高公众的觉醒而战。"她解释说。

吉尔将自己的财务安排妥当了，可以积极为卵巢癌研究而奋斗，她与伴侣肯举行了一场盛大而漂亮的婚礼，并且和亲爱的女儿玛利亚去西班牙旅游了一次。她让自己尽其所能，应对一个最具挑战性的情景：因为知道自己不久就会离开，所以要以最好的状态度过每一天。

"当你知道自己的日子不多的时候，你没有时间去过糟糕的一天。"她在对着参加她的婚礼的人群发表的演讲中动情地说道。

吉尔专注于她的希望：希望自己活得更久，能够等到新的特效药物以便控制她的疾病。这听起来似乎是不切实际的，但最近的一些临床试验显示，在细胞层面上对晚期癌症进行治愈很有希望。

希望对我们而言很重要，不应该被带走，即便在生命结束之时也应该充满希望。

生命终点网站分享的一张图表写道："与其说'我们要撤回照顾'，不如说'我们正尝试把照顾的中心转移到对舒适的关注上来'。与其说'我们不能再做什么'，不如说'没有任何治疗方法能阻止你的疾病的发展。'"

它继续说道，"我们的言语会带来改变。当某人接近生命终点时我们要停止照顾吗？当治疗无效时难道我们真的无能为力了吗？"

"我们从未停止照顾病人。总有我们能做的事。但如果我们这么说，人们就会这么听。"

查理陶博士是一名澳大利亚脑外科医生，他经常去做那些其他同事都不愿意做的脑外科手术。他认为自己是被希望所驱使的，即使有人批评他给病人带来错误的希望。他说当他遇到失败时，他在别人不愿做的情况下做手术的决定，减轻了他的痛苦。他对于希望的更宽泛的定义已经招致同行的许多批评，但他认为他的使命就是尊重病人的希望。

他曾经告诉一个病人，即使他给她做了脑肿瘤手术，她仍然没法过上有质量的生活，因为她仍旧是四肢瘫痪的，也不可能沿着沙滩漫步，甚至不能够自己擦鼻子。病人在这个问题上向他提出了质疑，她认为对自己来说，生活质量就是能够将智慧传授给她正在成长的十几岁的女儿们。于是他给她做了手术，她活下来了，用她的话说保持了高质量的生活。

人们的希望也会呈现出其他的形式。随访中心"麦杰的中心"遍布全英国。这些中心的一个重要的特征就是他们运用漂亮的建筑表达了希望。这些建筑是由景观设计师查尔斯·詹金斯设计的，他们在这种优美的环境中提供临时看护。

为什么讨论死亡对你来说很重要

讨论死亡可以使我们更容易面对它，就像面对生命中的其他事情一样。如果你想改变房间的颜色，就算你不想和家人或设计师讨论这个问题，也需要与卖油漆的商店店主讨论。当然讨论死亡不同于其他任何问题的讨论。

威廉姆患有肺癌，即将死于家中。他的妻子贝琳达同意了他在家中离世的愿望，并决定陪伴在他的身边。他们和全科医生以及肿瘤学家等所有相关的专家讨论了这个问题。他的肿瘤学家在他们当地通过医学院为他登记了姑息疗法，每两周，社区姑息疗法护士拜访一次。

不久后，护士了解到贝琳达很害怕。贝琳达解释说，她担心当威廉姆死时，她在房子里陪着他会非常害怕，而且还要对如何处理他的遗体做出决定，这也令她恐惧。

情况很清楚，尽管他们在讨论的时候表现得很和谐，但其实并非如此。

"你已经做好临终照护计划了吗？"其中一个护士问威廉姆。

他不认为他需要预先照护指示，但是他同意现在做一个。通过做计划的过程，夫妻双方能够讨论许多不同的场景。他于是有了一些更好的更切实际的想法，以便贝琳达能够应对，他们一起改变了一些之前的想法。

在考虑治疗方案时，首先要咨询的人总是病人，因为医务人员有法律义务通知病人，并在进行任何医疗干预时取得他们的同意。但是有时这并不总是容易实现。

既然在不清醒的时候或身体特别脆弱而难以交流时经常需要做出复杂的决定，那么对某人来说，指定他人来做这些决定是合法的。在其他人无法在场的情况下，医院就会寻找最近的亲属。

这个"某个人"可能会是家庭成员，除非你已经写好了你想让别的人来当。一旦你的病情迅速恶化，这个人将为你去与医护人员沟通，直到你死亡。这就意味着理想的陪伴者应该是尽可能多地参与到病床边与医护人员的讨论，他们应当是全副武装好了在你临终时成为一个强大的支持者。

家人参与其中的原因在于，假定病人不能与医院工作人员进行沟通，家人很可能就是那个知道你最想要做什么，想要什么样和不想要什么样的治疗以及照顾的人。

这意味着你需要与你的家人讨论你的想法。讨论的细节越多越好。最重要的是，如果经常进行这些谈话，你的家人就会持续了解你最新的态度和想法。

你越早把你的想法带进家庭讨论就越好。这些讨论开始可能很难，但是也会逐渐变得不太难，最后变得很平常。他们应该不是一次性的："哦，我们曾经讨论过……"

早期的谈话可以帮助家人知道彼此的想法进而形成他们自己的观点。有时候我们曾经的想法在思考过后，或者在与其他人讨论并收集到更多的信息后，会发生变化。

医疗保健专家了解到对家人来说开始这种谈话真的很难。他们也认识到在我们的文化中，倾向于拒绝谈论死亡这个话题，对家人来说充分谈论这个话题是非同寻常的。

但是他们期待看到变化，这不是为了他们自己，而是为了病人。

结　论

　　澳大利亚原住民安妮·裴丽娜说:"生活是关于能量的多种形式。"我们有个通用的词叫 liyan 或者 lian。它可以被翻译成"感觉,情感,精神",你必须学会用你的道德准则来"解读人和情境"。这是使人能够感觉到所处环境的生命动力。

　　"临终就是生命的旅程到了离开我们的身体而转变为精神能量的时刻。这一切都与连接有关。连接不仅是与人,而且包括与非人类的生物。作为原住民,我们继续与自然环境保持着深度的连接。在我们出生以前,我们就通过我们称之为图腾的精神属性与特殊的地方联系起来了。这使得我们与某种动物或植物有了终生的关系,并且教会我们必须与我们的 liyan 保持一致的价值观。更重要的是,它教会我们同情人类和非人类的一切生物。"

　　"当我们来到了死亡的那一刻,也就回到了我们的精神出生地,如果我们曾经是一个好人,就能够返回,继续在这个世界上行善,并且在地球上与那些活着的人保持联系。"临近死亡时最需要的是勇敢。如果我们特别勇敢，那么我们会对曾经努力过的生命充满感激。

"我们将要离开那些离自己最近的地方，而准备去一个未知的地方，所以它会造成一定程度的焦虑、不安和悲伤，但也能带来某种程度的欢乐和希望。它是自我反省的最后时刻。拥有了生命赐予的礼物我们是否已经竭尽所能做到最好？我们这一生中是否表现得自信、正直和诚实？我们是否帮助别人发挥出了全部的潜力？最重要的是我们是否准备好告诉那些我们爱的人，我们会一直在他们身边，不要忘记我们共同的回忆？这样，他们就会紧紧抓住我们的生命力，将我们唤回他们的梦里。

撰写本书的时候，我刚刚得知以前的一个同事的死讯。辛西娅是一名新闻记者，她是个精致的美人，当我们的工作乱作一团时，她总是在最后期限之前优雅地圆满完成任务。她温暖的笑容总是在我的脑海中浮现。

如果是以前，人们会为她举办一场凄凉而庄严的葬礼，或许仅仅只有她的提名的那些人才会参加。她的故事将会慢慢地被人忘却。

而现在，一大群人聚集在悉尼的一个旧酒吧里怀念她。她的家人采用了这样一种方式来庆祝她的一生，这种方式非常圣洁，非常感人，是辛西娅内心真正想要的。她的死讯和追悼会的信息通过新的社交媒体传到了传统网络上，人们开辟出空间向她表示哀悼，某种程度上这是混合了新旧两种风格的现代葬礼。

然后，在我写作本书的最后阶段，我收到珍妮的来电。她的妈妈玛格丽特在一家悉尼养老院中，已步入临终阶段。工作人员无法预测玛格丽特的死亡时间，但是玛格丽特四天前就停止饮食了。现在她的脸已经变得非常凹陷，并已处于昏睡状态。

"我有种预感或许晚上妈妈就会死，"珍妮冒着风险说道。因为她纠结于是否能暂时离开疗养院去参加一场安排已久的任命仪式。

　　她的兄弟姐妹都聚集在这里，其中两个是不久前从洲际公路飞奔回来的。玛格丽特已经对她期待的人做了最后的告别。我们认为珍妮应该相信自己的直觉。

　　玛格丽特与另一个老年女士贝芙共用一个房间，这对每个人来说都是尴尬的。每次有新的人来说再见，贝芙都把电视机的声音调大。她是在试图应对噪音和她的处境导致的痛苦吗？还是她在发出信号希望这个家庭拥有自己的隐私？

　　当然在我们临终时都有权利拥有自己的空间。也许养老院会同意让玛格丽特或者贝芙搬走的建议。珍妮和她的父亲决定问问是否可以这么做。

　　珍妮第二天回电话了。她的妈妈临近午夜时就离开了。家里的每个人都在现场，除了珍妮和她爸爸以及一个姐姐不在。珍妮很遗憾没有理会自己关于妈妈接近于死亡的直觉，当天晚上她因为太疲惫而没有返回去。但她觉得她得到的礼物是曾经陪伴在母亲身边，和母亲一起度过了珍贵的五天。

　　养老院已经同意把玛格丽特放在单独的空间里，在家人的围绕中死去。意外的是，那天早上一个邻居也死了，所以房间空出来了。她的三个孩子和七个孙子挤满了她的房间，他们谈笑风生，轮流坐在玛格丽特的旁边，拉着她的手，听着她最喜欢的尼尔·戴蒙德的歌曲。房间里每个人都毫不怀疑地感觉到玛格丽特是高高兴兴地离去的，当尼尔·戴蒙德的代表作《甜蜜的卡罗琳》响起的时候，她咽下了最后一口气。全家人围绕着她对她来说如此重要。他们相信，玛格丽特的妈妈卡罗琳带着她唯一的女儿去天堂了。

　　或许有一天，我们将在老年照护机构里设有死亡房间，就像现在的妇产医院里设有哺育室一样。也许只要有足够多的人去要求，这个目标就能实现。

当我和珍妮谈论时，她有一种奇怪的自相矛盾的情感，这种情感我们都曾在母亲去世时经历过。伴随着悲伤，珍妮和她的家人在有关妈妈的死亡故事里感受到一种欣喜的味道。这是一种深度的精神体验，是令人振奋的。

我们需要不断地提出问题，继续推动这个世界的改变，让死亡变得更好。我们可以要求别人改变，也可以改变自己，在变化中缓慢前行。

我们总是在学习，人类也是在以最无法预见的方式彼此推动向前。如果对彼此敞开心扉，我们能学到什么？不管是新的还是旧的，就像中世纪的《死亡的艺术》激发了我的想法一样，我们终将会改变。

举一个小例子，帕西·希利是悉尼WN公牛殡葬服务中心的主任，直到前不久才退休。你可能以为她的工作是令人忧郁的，但并非如此。（她最近在脸书上放了一张照片，刚下班的她坐在孙子的浴缸旁边。）这项工作让她体会了每个人与生命循环深深的连接。尽管她在殡葬行业工作了多年，但当她参加妹妹的葬礼时，仍然是极度脆弱的。

"特雷西刚刚死于睡梦中，可悲的是她才42岁，留下一个一个10岁的女儿和一个8岁的儿子。那是在新西兰，我们都提前到了家，因为葬礼是从家里出发的。"

"殡葬中心主任把特雷西带到了她家，我们都在那里，气氛很悲伤。我记得我的小外甥女和小外甥站在她的棺材旁边，内层是光滑柔软的绸缎，所以他们把手塞进柔软的棺材的衬里边。"

"他们站在那里，手沿着柔软的绸缎游走，他们没有感到任何不适，因为里面的人是他们的妈妈。"

"我回到家，撕开我们的棺材里的所有的衬里，使它们都像绸缎一样柔软。"

这不是一个宏大的故事，只是一个再小不过的故事。但是它阐述了我们人类如何从传统中拿回我们需要的东西。我们最需要的就是信心。

并且我们也会成为把"死亡艺术"笔记保存在自己手中的那些人。

致　谢

感谢我的丈夫麦克、我的女儿玛塞拉、雷切尔和玛德琳为了这个项目所付出的耐心，这段写作旅程时而令他们倍感煎熬，时而带给他们矛盾和冲突，并且我无法保证在他们付出了这么多以后，最后的成品他们会喜欢。尤其感谢玛德琳的护理技术和医疗建议。

感谢我的赖斯家族，我的已经95岁仍然健在的父亲肯，以及我的兄弟姐妹伊丽莎白、塞西莉亚、达米安和黛博拉，你们以各自的方式给予了我支持。特别感谢塞西莉亚，我的同卵双胞胎。我们分享的不仅是双胞胎的一生，而且是终其一生的友谊，尽管这个写作项目也带给我们一些变化。

感谢英年早逝的朱利安，在我前进的路上，特别是当我碰到困难的时候，他曾是最大的鼓励。

我还要特别感谢两个人，当妈妈快要死亡而我决定请假陪在妈妈床边的时候，他们正好在我身边。温迪·布鲁姆和我讨论这件事情的意义，给了我勇气和力量，鼓励我坚持走自己的道路。而我的朋友苏·普拉给了我非常实际的支持，她总是准备好听我倾诉，帮我度过那些漫长的艰难的日子。

感谢海伦·卡迈克尔向我展示了如何重新开拓一种创造性的生活，感谢凯瑟琳·海曼在我写完草稿却找不到出版商的时候鼓励我永不放弃。

特别感谢麦克·巴尔巴托医生、理查德·查叶医生、凯斯·爱德华兹医生、珍·应汉姆教授、伯纳黛特·托宾医生、帕特·麦克维医生、亚当·惠特比和凯特·怀特教授，他们花费了许多的时间为我分享照顾临终者的护理知识。感谢安吉拉·博伊德，为我提供了法律方面的建议。

还有许多"苏珊"要感谢。苏珊·安东尼给了我早期的支持，并引用约翰·华生的名言"善待每一个人吧，因为你遇到的每一个人都在进行一场伟大的战斗"陪伴我。苏珊·温德姆鼓励我写完这本书并且全程给予了有价值的指导意见。苏珊·布兰奇对我完成本书的能力坚信不疑，并且在她的温暖的厨房里为我提供了精美的午餐。苏珊·奥尔为我在丹麦提供了一处冬天的避寒地，苏珊·摩根当我在伦敦进行研究的时候为我在那里提供了一张舒适的床。苏珊·毕晓普为我提供了中世纪的《死亡的艺术》上下文，并把她在悉尼大学关于节日和信仰的历史学笔记借给了我。

我的保洁女士想要匿名，是她让每个干净整洁的周四带我穿越那些黑暗的日子，然后她又是最好的校对员。她是一个有价值的支持者，一个很好的倾听者和一个有趣的故事讲述者。最重要的是，她变成了我的亲密的朋友。

感谢莉莎·斯托尔斯、玛丽莲·哈里斯、凯瑟琳·德莱尼、梅丽莎·费根和格雷厄姆·威尔逊，在我写第一稿时给予的支持。感谢戴安娜·吉斯早期的编辑建议。也同样感谢詹妮·塔巴科夫从假日之中抽出时间重温本书早期的资料，感谢汉娜·基伦和茉莉娅·布斯进行的修改。

我还要将一个大大的诚挚的感谢送给科琳·罗伯茨，我的出版商，是他给了我勇气和支持，并且允许我把个人的故事转变成更加有教育意义的故事，以引起广泛的共鸣。感谢默多克出版社的所有其他人，帮助我将这个项目圆满完成，尤其是卢·约翰逊、贾斯廷·沃尔弗斯、薇薇安·沃克、卡罗尔·沃里克和编辑约翰·马普斯。

将近有150人通过被采访或其他方式分享了他们的故事和想法，为本书做出了贡献。最初我试图把所有人的名字都罗列出来，但是我害怕会漏掉某些人，这样看起来并不明智。你们的故事、经验和反馈都对这本书非常重要。我对你们分享这些很艰难的痛苦的回忆感激不尽。

感谢我在悉尼利物浦医院当志愿者的时候遇到的那些姑息疗法的病人。我绝不会违反保密承诺透露你们的名字或者公开讨论你们的事情，但是你们给予了我如此巨大的精神力量和富有的人生智慧，我对此深表感激。

感谢艾利·玫，在她的咖啡馆为我提供了一个夏天的角落，让我能够安全地待在那里完成我的冬季主题。